螺旋叶片式混输泵
旋涡流与动力学特性

文海罡 史广泰 著

中国水利水电出版社
www.waterpub.com.cn
·北京·

内 容 提 要

　　本书以数值计算作为研究螺旋叶片式混输泵内部不稳定流动的主要手段，阐述相关的基本理论和方法，详细分析螺旋叶片式混输泵叶轮内部流场的旋涡结构识别和生成因素及叶顶泄漏涡旋涡动力学特性，探究气相对于叶顶泄漏涡的时空演变与涡动力学特性的影响；总结涡动力学特性与螺旋叶片式混输泵性能的关联特性；通过二次流诊断理论和强弱涡理论对螺旋叶片式混输泵内流态进行深入分析，揭示泄漏涡的断裂失稳特性、叶顶泄漏涡结构失稳二次流特性对水力性能的影响规律；采用旋涡拟能耗散理论对叶轮内旋涡拟能耗散进行定量分析，探究气相对叶顶泄漏涡旋涡拟能耗散特性的影响规律；基于刚性涡量的圆柱坐标分解，进一步分析了压力脉动强度与三种方向涡旋的关联特性，得出不同运行参数下各类涡旋对压力脉动的影响规律；建立 CFD - PBM 耦合模型求解泵内流场参数，获得气泡尺寸分布，分析揭示不同入口含气率、流量、转速对螺旋叶片式混输泵内气泡破碎与聚并的影响规律。

　　本书在近年来科研成果基础上总结提炼而成，可作为能源与动力工程、流体机械及工程等领域的技术人员和研究人员的参考用书。

图书在版编目（CIP）数据

螺旋叶片式混输泵旋涡流与动力学特性 / 文海罡，史广泰著. -- 北京 : 中国水利水电出版社，2024. 8.
ISBN 978-7-5226-2697-0

Ⅰ. TH31

中国国家版本馆CIP数据核字第2024LC0801号

书　名	**螺旋叶片式混输泵旋涡流与动力学特性** LUOXUAN YEPIANSHI HUNSHUBENG XUANWOLIU YU DONGLIXUE TEXING	
作　者	文海罡　史广泰　著	
出版发行	中国水利水电出版社 （北京市海淀区玉渊潭南路 1 号 D 座　100038） 网址：www.waterpub.com.cn E - mail：sales@mwr.gov.cn 电话：(010) 68545888（营销中心）	
经　售	北京科水图书销售有限公司 电话：(010) 68545874、63202643 全国各地新华书店和相关出版物销售网点	
排　版	中国水利水电出版社微机排版中心	
印　刷	天津嘉恒印务有限公司	
规　格	170mm×240mm　16 开本　10.5 印张　206 千字	
版　次	2024 年 8 月第 1 版　2024 年 8 月第 1 次印刷	
定　价	**58.00 元**	

前　　言

我国漫长的海岸线以及广袤的陆地蕴藏着丰富的石油与天然气资源，深海以及内陆地底的资源开采难度大且费时长，采用螺旋叶片式混输泵的多相输送技术大大简化了运输的流程，并有效降低了油气开采和维护的成本。混输泵在实际运行中，会在流道内出现各类涡旋、二次流等，这些不稳定因素使得泵内出现噪声、振动并加剧流道内的压力脉动，对整个机组的安全稳定运行造成深远影响，因此对于流道内不稳定流动的研究很有必要，对推动我国油气资源的开发具有重要的意义和工程应用价值。

本书以数值计算作为研究螺旋叶片式混输泵内部不稳定流动的主要手段，阐述相关的基本理论和方法；详细分析多螺旋叶片式混输泵叶轮内部流场的旋涡结构识别和生成因素及叶顶泄漏涡动力学特性，探究气相对于叶顶泄漏涡的时空演变与涡动力学特性的影响；总结涡动力特性与螺旋叶片式混输泵性能的关联特性；通过二次流诊断理论和强弱涡理论对螺旋叶片式混输泵内流态进行深入分析，揭示泄漏涡的断裂失稳特性、叶顶泄漏涡结构失稳二次流特性对水力性能的影响规律；采用旋涡拟能耗散理论对叶轮内旋涡拟能耗散进行定量分析，探究气相对叶顶泄漏涡旋涡拟能耗散特性的影响规律；基于刚性涡量的圆柱坐标分解，进一步分析压力脉动强度与三种方向涡旋的关联特性，得出不同运行参数下各类涡旋对压力脉动的影响规律；建立 CFD - PBM 耦合模型求解泵内流场参数，获得气泡尺寸分布，分析揭示不同入口含气率、流量、转速对螺旋叶片式混输泵内气泡破碎与聚并的影响规律。

本书基于作者多年研究成果撰写而成，很多成果已经在国内外重要期刊公开发表。本书共分 10 章，其中，第 1 章由西华大学史广泰撰写，第 2～10 章由西华大学文海罡撰写，全书由史广泰进行章节设计，文海罡进行统稿、内容审查及修改完善。

本书得到了西华大学能源与动力工程专业国家级一流本科专业建设点、流体及动力机械教育部重点实验室、流体机械及工程四川省重点实验室、能源动力优势学科的支持。

在本书撰写过程中，得到了西华大学吕文娟、符杰、彭小东和黄宗柳等老师的帮助与支持，谨在此致以衷心的感谢。同时还要感谢本课题组所有研究生在本书撰写过程中进行的大量工作。在本书撰写过程中，参考和引用了大量的国内外相关文献，在此对这些文献的作者一并表示感谢。最后向参与本书审稿工作的专家表示真诚的感谢。

由于作者水平有限，书中难免有欠妥及疏漏之处，敬请读者批评指正！

作者

2024 年 4 月

目　　录

第1章 绪 论

螺旋叶片式混输泵被用在油田现场时，常常由于含气率的不定时变化，导致其泵内的气液两相相互作用极为复杂，且常常出现不同形状的旋涡，使得气泡时刻发生破碎和聚并，气液两相间的相互作用力也在不断变化。因此，探究其内部的气泡演变规律、掌握气液两相间的作用力变化规律、揭示气液两相间的作用机理对改善螺旋叶片式混输泵的气液混输性能尤为重要。

1.1 叶片泵内气泡演变规律概述

在多相介质条件下，旋转机械的内部流动受特殊结构与复杂介质的影响而常有泡状流、气囊流等复杂流型[1]。为精确掌握旋转机械内气泡分布与多相流动机理，学者们纷纷基于试验研究、数值模拟两种常用手段对旋转机械的内流机理展开深入研究，其研究成果已解决大量旋转机械内的复杂流动问题。

在试验研究方面，Alberto 等[2] 在可视化试验中观察到在高转速运行条件下剪切力破碎气泡并减小气泡的平均直径，使得两相分布更为均匀；而低转速运行时，泵容易因气体聚集而成的"气囊"堵塞流道从而发生喘振现象。Mandal 等[3-4] 采用高速摄影技术拍摄了气泡的流动图，并深入分析了喷式鼓泡塔内的气泡尺寸分布及特性。研究结果表明，含气率、气泡大小、界面面积之间存在明确的关系，含气率和界面面积是滑移速度的强函数。谈明高等[5] 利用高速摄像系统对双叶片离心泵中粗颗粒固液两相流的单粒子运动轨迹进行追踪和研究，分析了颗粒尺寸和颗粒密度对单颗粒粗颗粒运动的影响，揭示了双颗粒泵中粗颗粒固液两相流的特性。Patel 等[6] 运用高速摄影技术发现离心泵叶轮流道中存在两种特殊流型，气泡在第一种流型下以小气泡的形式流动；而在第二种流型下，小气泡的聚结使得叶轮入口处形成大的固定气泡，导致泵扬程开始显著减小。在数值计算方面，Zhang 等[7] 建立了非均匀气泡模型，在数值模拟结果中发现在较高的含气率下能够观察到明显的流动分离现象，泵的性能曲线也与实验测量数据更加吻合。Caridad 等[8] 使用双流体模型和标准 $k-\varepsilon$ 模型对气液两相流动条件下的叶轮流道进行了 CFD（computational fluid dynamics，计算流体动力学）模拟，分析了气泡直径在扬程下降时的变化情况，并将其与实

1

验数据进行了比较，结果表明气泡直径越大，扬程下降越严重。杨敦敏等[9] 采用高速摄影和图像处理技术测试了离心泵内气相的运动情况，研究结果发现气泡随含气率的增加逐渐从后盖板和非工作面出口处扩散至前盖板和工作面，气泡在泵内聚集主要发生于小流量工况。梁武科等[10] 利用 CFX 软件分析了不同空化程度的叶轮流场分布，并得出叶片等效应力及变形随空化变化过程的分布情况。结果表明，气泡首先出现在工作面，气泡由进口边逐渐向出口边发展，并逐渐靠近轮毂，整个气泡区域不断扩大。Zhu 等[11] 和 Lissett 等[12] 以数值模拟为主、试验验证为辅研究了气泡尺寸的大小对电潜泵在两相流条件下流动的影响，对新气泡分析模型的验证和改进提供了帮助。

可见，气泡的分布、运动、演变行为将不同程度的影响着旋转机械性能的高低。纵观上述文献，不难发现国内外学者对气液两相流的研究日趋增多，也取得了较多具有科学价值的成果，但针对螺旋叶片式混输泵在泡状流条件下的内部流动特性研究却鲜有报道。由于螺旋叶片式混输泵内部结构复杂，气液两相环境下泵内流态也随之形式多样，流道内气泡的演变规律不可忽视。因此，本书将借鉴前人的研究方法，重点探究螺旋叶片式混输泵内气泡演变规律受关键运行参数的影响。

1.2　叶片泵内介质相间作用力概述

多相流是由两相及两相以上的介质混合构成的，是一种十分复杂、在生产实际中广泛存在的混合流动状态[13]。其中，相间作用力是揭示多相流动机理的关键，是不同相界面特性变化及流型演化的动因，在众多研究领域都受到普遍关注[14-15]。目前，国内外学者针对多相流系统下旋转机械内各相的相间作用力问题进行了大量探索，其相关研究由结构较简单的鼓泡塔逐渐应用至叶片泵。Joshi[16]、Tabid 等[17] 在对鼓泡塔进行了三维动态模拟后，发现气泡所受的横向作用力决定其沿塔径向的运动模式，阻力、升力和湍流扩散力对含气率和轴向液速分布影响显著。Simon 等[18] 通过对表面张力和阻力进行相间耦合，探究了界面流和流体—颗粒流的湍流机制。结果表明，在大尺度能量下，表面张力对液滴从波纹界面喷射行为起到阻碍作用。Chen 等[19] 将大涡模拟（large eddy simulation，LES）、多相流模型（volume of fluid，VOF）、气泡离散型模型（discrete phase model，DPM）三者耦合，并通过自定义子程序对连铸坯进行了三维数值模拟，探究了气液相间各种力对连铸坯气泡流动和空间分布的影响，研究结果发现低湍流区内相间阻力、浮力作用最为显著，而升力、质量虚拟力、压力梯度力主要存在于高湍流区。Wang 等[20] 和 Zhang 等[21] 在考虑两相流条件下鼓泡塔内局部气泡行为的基础上，提出并验证了一种包括阻力、升力、壁面润滑力、湍流分散力和气泡诱导湍流耦合计算方法。研究结果表明，鼓泡塔内气液两相流间的阻力最大，升力远小于阻力和质量虚拟力，并且质量虚拟力在分布器区达到最大值。Pan 等[22] 对搅拌槽内气液两相流的动量传递模型及传质系数模型进行了全面探究，研究发现搅拌槽内两相间阻力最大，气泡尺寸与气泡在槽内停留的时间成正比，质量虚拟力仅在气泡加速度较大时出现。Han 等[23] 利用双流体模型与群体平衡方程的耦合模型研究了相间作用力对 NACA0015 水翼附近流域内气泡尺寸分布的影响，研究结果表明浮力大小直接影响了气泡尺寸分布，质量虚拟力和湍流分散力对气泡尺寸分布影响可以忽略。在螺旋叶片式混输泵的研究领域中，Yu 等[24] 和 Liu 等[25] 基于双流体模型研究了螺旋轴流式中各种相间作用力对外特性的影响，结果表明阻力在流道内占主要作用，壁面润滑力可以忽略不计。张文武等[26] 基于 AN-SYS CFX 商业软件对叶片式气液混输泵进行了全流道的数值模拟，探究了介质黏性对混输泵相间作用特性的影响。研究结果表明，液体黏度的增大削弱了气液两相的相互作用。

总的来说，由于气液两相间的流动机理极为复杂，相间作用力问题一直是科学界公认的难题，但随着数值计算方法的精进，国内外学者对其的研究已逐步由简单的鼓泡塔进阶至旋转机械，但仍然处于探索阶段。螺旋叶片式混输泵内叶片曲率较大，难以避免的叶顶泄漏涡旋、高速旋转的离心力等因素均使得流场复杂紊乱，厘清混输泵内气液两相间的相互作用显得极为重要。因此，本书将在考虑气泡聚并与破碎的基础上，需进一步采用修正后适用于螺旋叶片式混输泵的相间作用力模型对其内部流场进行深入分析，揭示不同运行参数对流场内气液相间作用力的影响。

1.3　叶片泵内涡流演变规律概述

在理论研究方面，Nayak 等[27] 和 Wu 等[28] 指出了有关不稳定流动的物理基础，并为流体微团的速度场论做了详细的阐述。Sarpkaya 等[29] 指出流场内剪切流使涡发生运动形变，并且明确指出，弱湍流的不稳定流动与正弦不稳定相关联；强湍流中的不稳定流动就是涡旋。Yu 等[30] 指出涡量不能精准地表示涡旋，由于边界区存在强剪切力使得涡量增大，不符合物理上涡旋的定义，所以认为涡量大不能代表涡旋的强度高。Gao[31] 等、Liu 等[32] 以及 Dong 等[33] 指出涡旋要同时满足六大定义：绝对强度、相对强度、旋转轴、涡核心中心、涡流核心尺寸以及涡流边界，显然第二代涡识别准则无法满足上述条件，而第三代涡识别法则可基于反对称张量大于对称张量来定义旋转涡的边界，达到避免剪切涡量污染的目的。陆慧娟等[34] 通过螺旋度方程和涡度结合的方法指出，流场中涡结构的螺旋度随时间变化率与涡量大小密切相关。Scheeler 等[35] 发现螺旋涡的特性是扭曲缠绕，也通过实验证明了黏性流体中的螺旋度守恒理论，并指出在实际流体中涡环相互诱导，其卷绕特性逐渐减弱，而螺旋度在总体上依然守恒。

在试验研究方面，延方泉等[36] 基于粒子图像测速技术对离心泵内流场进行实验，明确指出，叶轮出口处的高速尾迹涡流存在周期性脱落，且尾迹涡受导叶挤压进入静转子流道。Muthanna 等[37] 深入地研究了压缩机叶栅下游的平均流动与湍动能，他们总结出叶片尾迹涡结构的湍动能是由速度梯度产生的。Zhang 等[38] 通过对螺旋叶片式混输泵的可视化实验发现，导叶流道内会产生大量的涡流，而这些涡流具有较强的卷吸能力并加剧了气液分离。史广泰等[39] 通过实验发现，混输泵流道内气相多聚集在叶轮叶顶尾缘吸力面附近。Liu 等[40] 也指出在叶轮流道大致存在四种涡：前缘涡、泄漏涡、分离涡、尾涡。Shi 等[41-42] 总结了叶顶间隙内的分离涡和泄漏涡等涡流特性，并基于试验观察到泄漏涡的运行轨迹。其中用到的高速摄影 PIV（particle image velocimetry），也被广泛地应用于观测轮缘区域的流动形态，包括尾涡在内的各种涡流[43-44]。基于 SPIV（stereo particle image velocimetry），Wu 等[45-46] 观测了射流泵内由叶顶间隙引起泄漏涡，并在叶片尾缘附近发现尾涡的形成。施卫东等[47] 通过高速摄影机捕捉到了旋流泵内涡旋运动的演化过程，并展示了颗粒随涡旋变化的运动轨迹。Lee 等[48] 采用速度测量和可视化技术研究轴流涡轮的尾流特性，并明确指出尾迹涡的涡旋强度决定了该区域核心区稳定性的关键因素。Ma 等[49-50] 研究了叶顶间隙对压气机叶顶泄漏涡以及其他涡系非定常特性的影响。结果表明，泄漏涡在尾缘附近会形成脱落的环流，这是叶顶泄漏涡涡系瞬态演化的重要形式之一。此外，Liu 等[51] 通过模态分析清晰地发现，混输泵叶轮叶片尾缘处存在尾涡，还讨论了涡旋等非定常流动对流动阻塞的影响。叶顶间隙区域的空化现象也是值得深入研究的难题。Shi 等[52] 和 Xi 等[53] 关注轴流泵叶顶泄漏涡空化流动引起一系列不利影响。当出现严重的空化时，泄漏涡尾迹区域捕捉到垂直空化涡，并且垂直空化涡的演化过程可以划分为三个阶段：产生阶段、脱落阶段和耗散阶段。

在数值模拟方面，张德胜等[54] 分析了叶顶间隙对斜流泵内流动特性和性能的影响，通过数值模拟总结出不同运行工况下间隙对流道内涡旋的影响规律。其研究表明叶顶附近的泄漏涡和涡量受间隙尺寸以及流量影响较大，其中增大流量可有效改善不同间隙尺寸下的涡旋强度以及能量损失。Shu 等[55] 基于 SST 模型发现气相严重影响着叶顶泄漏涡的生成与溃散。赵宇等[56] 通过大涡模拟发现，水翼尾缘涡的脱落与其空化程度存在很大的关联性。Zhang 等[57] 研究发现叶顶泄漏涡的存在是由于泄漏射流与主流交汇而产生的。Yan 等[58] 基于种群平衡模型对离心泵进行数值模拟，发现并指出，随着含气率增加叶片吸力面处产生的涡流更多并加剧了周围的气液分离，也容易引发流道的堵塞。赵斌娟等[59]通过数值模拟发现，混流泵叶片进出口端的涡结构越少其效率越高。施卫东等[60]采用旋涡强度方法，对轴流模型泵叶轮叶顶区流场和叶顶泄漏涡轨迹进行了数值计算。研究表明，随着流量运行范围加大，轴流泵叶顶间隙增大，泄漏涡的卷吸程度逐渐增强，也使得叶片壁面附近更易出现空化现象。史广泰等[61-62]通过数值模拟发现，螺旋叶片式混输泵内气相的存在严重影响着叶顶间隙泄漏涡的分布与演化；还发现随着含气率的增加，尾迹区的旋涡强度逐渐增大，涡量作用范围逐步扩大到相邻叶顶间隙并互相作用，导致介质流态更加复杂。张德胜等[63]利用大涡模拟指出泄漏流在叶片尾缘流动较多且在尖端形成尾涡，同时发现在泄漏流引起的尾涡流逐渐向相邻叶片压力面移动时，会与壁面相互作用并诱导不同尺度的涡生成。Li 等[64]指出在叶片式旋转机械中，随着转速的增大动转子流道内的涡旋也随之增大，其原因是径向速度梯度增大，增强了涡旋的强度。Peng 等[65]结合 PIV 技术和数值模拟指出，叶片与涡旋存在相互作用，涡形状和强度受叶片影响较大，在碰撞过程中，涡旋会分裂成两部分，并在这个过程中其涡旋强度会逐渐衰减。Ji 等[66-67]发现混流泵叶轮内的叶顶泄漏涡、二次流涡和失速涡都会造成高能量耗散。叶顶泄漏涡强度和尺度随着叶顶间隙的增大而增大，叶轮内总熵产急剧增加。Furukawa 等[68]研究了压气机内涡旋的瞬态变化，其中在叶顶区域中后段的涡结构出现溃灭，造成了叶顶附近涡结构的扭曲并改变了其涡旋强度，增大了流道内的压力脉动幅值。

不少学者针对涡旋机理去尝试改善水力旋转机械的性能，以及研究分析涡旋与压力脉动的关联特性。其中，Li 等[69]研究发现叶片后缘形状对压力波动影响很大，并通过数值模拟发现，在改型后的叶片后缘附近涡流强度有效减小，也使得增压单元的压力脉动幅值明显减小。孙涛等[70]研究发现叶片前缘和尾缘引起的涡旋对离心式压气机影响较小，可通过调整叶片厚度减少前缘和尾缘涡的影响。Cui 等[71]通过大涡模拟对离心泵叶轮流道后段流场进行分析，发现改变叶片后缘切削角可有效地减少周围的不稳定流动，也有助于降低其压力脉动。Rashidi 等[72]综述了涡漩脱落抑制和尾流控制的应用，比如控制尾迹湍流的方法是在后缘安放小翼型片，可有效抑制涡脱落。除此之外，水力旋转机械内部压力脉动与不稳定涡流的关联特性也是当下急需解决的问题，一些学者对二者的关联研究提出了很有价值的观点。Shu 等[73]基于 Q 准则揭示了螺旋叶片式混输泵内叶顶泄漏涡与压力脉动强度的关联特性。Zhao 等[74]使用数值模拟发现，在轴流泵内喇叭状涡的生长发育与压力脉动系数关联性很大。Feng 等[75]指出了叶顶间隙涡流加重了轴流泵从轮毂到轮缘的压力脉动幅值。Liu 等[76]发现，随着流量的增加，混流泵内叶片表面的压力脉动强度随涡旋降低而减小。

1.4　本　章　小　结

本章对叶片泵气泡演变规律、多相介质相间作用力及涡流演变规律的研究现状和存在的问题进行了归纳总结，为后续的研究提供了研究背景。

第2章 螺旋叶片式混输泵非稳态流动数值计算方法

2.1 数值模型

2.1.1 控制方程

自然状态下任何流场都是在连续性介质理论模型上建立的，均遵守质量守恒、动量守恒及能量守恒的基本物理规律。对于螺旋叶片式混输泵内复杂的两相流问题也不例外，本次研究将根据实际流动情况对计算模型进行适当简化，忽略流动过程中的化学反应和相变，不考虑空气的压缩性和温度变化。主要根据以下基本控制方程进行计算。

（1）连续性方程：

$$\frac{\partial}{\partial t}(\alpha_k \rho_k) + \nabla \cdot (\alpha_k \rho_k \omega_k) = 0 \qquad (2.1)$$

（2）动量守恒方程：

$$\frac{\partial}{\partial t}(\alpha_k \rho_k \omega_k) + \nabla \cdot (\alpha_k \rho_k \omega_k \omega_k - \alpha_k \tau) = -\alpha \nabla p + M_k + f_k \qquad (2.2)$$

（3）能量守恒方程：

$$\rho \frac{\mathrm{d}e}{\mathrm{d}t} + \rho \frac{\mathrm{d}}{\mathrm{d}t}\left(\frac{1}{2}v_i v_i\right) = \rho f_i v_i + \frac{\partial}{\partial x_i}(\tau_{ij} v_j) \qquad (2.3)$$

式中：ρ_k 为 k 相密度；p 为压强；α_k 为 k 相的体积分数；ω_k 为 k 相的相对速度；τ 为黏性应力张量；M_k 为 k 相所受的相间作用力；f_k 为与旋转有关的质量力（包含离心力和科里奥利力）；e 为单位质量流体的热力学能。

2.1.2 湍流模型

随着计算机技术高速发展，基于不同湍流模型的数值模拟逐渐成为预测湍流结构和指导工程设计的重要研究手段。湍流数值模拟方法通常可以分为三类：直接数值模拟（direct numerical simulation，DNS）、大涡模拟（large eddy simulation，LES）和雷诺时均（reynolds average navier-stokes，RANS）。DNS 对计算网格和时间步长的要求极为苛刻，在现阶段尚未广泛应用于分析实际工程。

同时，LES 也需要特别精细的网格尺度，对壁面附近的网格精细程度很高，其 y+值约等于 1。然而，螺旋叶片式混输泵叶轮的叶片在空间上扭曲且存在微小的叶顶间隙，导致网格精度无法达到 LES 的要求。RANS 是指在时间域上对流场物理量进行雷诺平均化处理，然后求解所得到的时均化控制方程。因计算效率高、计算成本低的特点，RANS 成为流体力学领域使用最为广泛的湍流数值模拟方法。

RANS 常见的湍流模型包括 Spalart – Allmaras 模型、$k-\varepsilon$ 模型和 $k-\omega$ 模型等。考虑到螺旋叶片式混输泵内存在叶顶泄漏涡流，伴随气液分离现象，恶化流动形态，导致能量损失加剧。根据前人的研究成果已证实，SST$k-\omega$ 湍流模型考虑了湍流剪切应力传输效应，可以有效地预测流动分离点和分离区，适用于预测叶顶泄漏涡的运动轨迹。因此，本书应用 SST$k-\omega$ 湍流模型开展数值分析。该模型具体推导如下。

$k-\omega$ 模型表示为

$$\mu_t = \rho \frac{k}{\omega} \tag{2.4}$$

式中：μ_t、k、ω 分别为黏度、湍动能和湍动频率。

Wilcox 提出初代 $k-\omega$ 模型，具体如下：

$$\rho \frac{\partial(k)}{\partial t} + \rho \frac{\partial}{\partial x_j}(u_j k) = \frac{\partial}{\partial x_j}\left[\left(\mu + \frac{\mu_t}{\sigma_{k1}}\right)\frac{\partial k}{\partial x_j}\right] + P_k - \beta' \rho k\omega + P_{kb} \tag{2.5}$$

$$\frac{\partial(\rho\omega)}{\partial t} + \frac{\partial(\rho u_j\omega)}{\partial x_j} = \frac{\partial}{\partial x_j}\left[\left(\mu + \frac{\mu_t}{\sigma_{\omega1}}\right)\frac{\partial \omega}{\partial x_j}\right] + \alpha_1 \frac{\omega}{k} P_k - \beta \rho\omega^2 + P_{\omega b} \tag{2.6}$$

式中：常数 $\beta' = 0.09$，$\alpha_1 = 5/9$，$\beta = 0.075$，$\sigma_{k1} = 2$，$\sigma_{\omega1} = 2$。

初代 $k-\omega$ 模型对自由来流条件很敏感，严重影响计算结果。鉴于此，Menter 提出一种改进 $k-\omega$ 模型，原理是在表面附近采用 $k-\omega$，而外部区域采用 $k-\varepsilon$，并通过一个混合函数 F_1 对 $k-\omega$ 和 $k-\varepsilon$ 模型实现转换。

$$\rho \frac{\partial(k)}{\partial t} + \rho \frac{\partial}{\partial x_j}(u_j k) = \frac{\partial}{\partial x_j}\left[\left(\mu + \frac{\mu_t}{\sigma_{k2}}\right)\frac{\partial k}{\partial x_j}\right] + P_k - \beta' \rho k\omega \tag{2.7}$$

$$\frac{\partial(\rho\omega)}{\partial t} + \frac{\partial(\rho u_j\omega)}{\partial x_j} = \frac{\partial}{\partial x_j}\left[\left(\mu + \frac{\mu_t}{\sigma_{\omega2}}\right)\frac{\partial \omega}{\partial x_j}\right] + (1-F_1)2\rho \frac{1}{\sigma_{\omega2}\omega}\frac{\partial k}{\partial x_j}\frac{\partial \omega}{\partial x_j} \tag{2.8}$$

通过将初代的 $k-\omega$ 模型乘以函数 F_1，改进后 $k-\varepsilon$ 方程乘以函数 $(1-F_1)$，从而得到 BSL $k-\omega$ 模型：

$$\rho \frac{\partial(k)}{\partial t} + \rho \frac{\partial}{\partial x_j}(u_j k) = \frac{\partial}{\partial x_j}\left[\left(\mu + \frac{\mu_t}{\sigma_{k2}}\right)\frac{\partial k}{\partial x_j}\right] + P_k - \beta' \rho k\omega \tag{2.9}$$

$$\frac{\partial(\rho\omega)}{\partial t} + \frac{\partial(\rho u_j\omega)}{\partial x_j} = \frac{\partial}{\partial x_j}\left[\left(\mu + \frac{\mu_t}{\sigma_{\omega2}}\right)\frac{\partial \omega}{\partial x_j}\right] + (1-F_1)2\rho \frac{1}{\sigma_{\omega2}\omega}\frac{\partial k}{\partial x_j}\frac{\partial \omega}{\partial x_j} \tag{2.10}$$

BSL $k - \omega$ 模型中相关系数可通过线性组合求解:

$$\Phi_3 = F_1 \Phi_1 + (1 - F_1) \Phi_2 \tag{2.11}$$

$$F_1 = \tanh(\text{arg}_1^4) \tag{2.12}$$

$$\text{arg}_1 = \min\left(\max\left(\frac{\sqrt{k}}{\beta' \omega y}, \frac{500 v}{y^2 \omega}\right), \frac{4 \rho k}{CD_{kw} \sigma_{\omega 2} y^2}\right) \tag{2.13}$$

$$CD_{kw} = \max\left(2 \rho \frac{1}{\sigma^{\omega 2} \omega} \frac{\partial k}{\partial x_j} \frac{\partial \omega}{\partial x_j}, 1 \times 10^{-10}\right) \tag{2.14}$$

虽然将初代 $k - \omega$ 和 $k - \varepsilon$ 模型的优势都融入了 BSL $k - \omega$ 模型,但其不能有效地预测流动分离点和分离区。SST $k - \omega$ 模型则考虑了湍流剪切应力传输效应,可以有效地预测流动分离点和分离区。SST $k - \omega$ 模型在 BSL $k - \omega$ 模型基础上对涡黏方程加以限制为

$$v_t = \frac{\alpha_1 k}{\max(\alpha_1 \omega, SF_2)} \tag{2.15}$$

式中:$v_t = \mu_t / \rho$,常数 $\alpha_1 = 5/9$,S 为应变率的不变量,混合函数表示为

$$F_2 = \tanh(\text{arg}_2^2) \tag{2.16}$$

$$\text{arg}_2 = \max\left(\frac{2\sqrt{k}}{\beta' \omega y}, \frac{500 v}{y^2 \omega}\right) \tag{2.17}$$

2.1.3 多相流模型

本书研究的介质为气液两相,最近几年来在多相流模型选择中主要以均相流和非均相流为主,其中均相流模型是指在流场计算中,两种介质共享同一速度场和压力场,即气液两相速度和压力相同。而在非均相流模型中,气相和液相的速度和压力不等,气液两相之间存在相间作用力,在计算中需要进行两相耦合。这两种方法各有优缺点,均相流模型计算更容易收敛,且耗时较短。非均匀流更接近真实情况,计算精度较高,但耗时较长。为了保证模拟的准确性,本书最终选取非均相流模型进行湍流计算。

在非均相流模型中,依次建立每一相的守恒方程,气液两相的方程统一表示为

$$\frac{\partial}{\partial t}(\alpha_i \rho_i w_i) + \nabla \cdot (\alpha_i \rho_i w_i w_i) = -\alpha_i \nabla P + M_i + f_i + \nabla \cdot (\alpha_i \tau_i) \tag{2.18}$$

式中:α_i 为某一相的体积分数;w_i 为某一相的相对速度;M_k 为某一相所受的相间作用力;f_i 为离心力和科氏力;τ_i 为黏性应力;α_i 为 i 相体积分数,当 $i = l$ 时表示液相,当 $i = g$ 时表示气相,并且气液两相满足 $\alpha_l + \alpha_g = 1$。

2.1.4　相间作用力模型

相间作用力使得欧拉-欧拉模型构成一个完整封闭的系统，相间作用力的选择对于模拟结果的精度十分重要。本书将于第 4、5 章分析中采用适用于螺旋叶片式混输泵的气液相间作用力模型，考虑气液两相间作用力较大的阻力、升力、附加质量力和湍流弥散力的作用[77-78]。

阻力为气液相间最主要的作用力，其大小反映了泵内多相介质由于密度不同所产生的速度滑移现象的剧烈程度。其具体的表达式为

$$D_l = -D_g = \frac{3}{4} C_D \frac{\rho_l}{D_b} \alpha_g \mid \overrightarrow{v_g} - \overrightarrow{v_l} \mid (\overrightarrow{v_g} - \overrightarrow{v_l}) \tag{2.19}$$

式中：D_b 为平均气泡直径；C_D 为阻力系数，其数值决定着阻力模型的精度。张文武等[79]通过对广泛应用于混输泵内的 Schiller Naumann 阻力模型进行修正后，使得对各工况预测更为精确，其阻力模型系数为

$$C_D = \max \begin{pmatrix} 24(1+0.1Re0.75_b)/Re_b \\ \frac{2}{3} D_b \sqrt{(\rho_1 - \rho_g) g / \sigma} (1 - \alpha_g)^{-0.5} \end{pmatrix} \tag{2.20}$$

升力为螺旋叶片式混输泵内垂直于气泡流线的压力梯度。本书采用 Legendre 等[80]所建立的适用于小尺寸球形流体颗粒的升力模型，其表达式为

$$L_l = -L_g = C_L \rho_l \alpha_g (\overrightarrow{v_g} - \overrightarrow{v_l}) \times (\nabla \times \overrightarrow{v_l}) \tag{2.21}$$

式中：C_L 为升力系数，设定为 0.5。

附加质量力为螺旋叶片式混输泵内气液两相密度差所产生的加速度而形成的挤压力，本书采用 Maxey 等[81]附加质量力模型：

$$V_l = -V_g = -C_V \rho_l \alpha_g \left(\frac{\overrightarrow{dv_g}}{dt} - \frac{\overrightarrow{dv_l}}{dt} \right) \tag{2.22}$$

式中：C_V 为附加质量力系数，设定为 0.5。

湍流弥散力表示由液相的涡旋引起的气泡的湍流消散，其具体表达式为

$$T_l = -T_g = -C_T \rho_l k \nabla \alpha_l \tag{2.23}$$

式中：C_T 为湍流弥散力系数，设定为 0.1[78]；k 为湍流动能。

2.1.5　群体平衡模型

在实际应用过程中，气液两相流条件下常伴有气泡的生长、成核、融化、破碎及聚并等现象。本次研究将采用能够利用数密度函数来描述多相流系统中气泡的尺度分布演化过程的群体平衡模型（population balance model），该模型能够在计算时考虑颗粒之间由于聚并和破碎作用而产生的气泡尺寸变化，是描述螺旋叶片式混输泵内气泡大小分布的一种有效方法。其表达式为

$$\frac{\partial\left[n(V,t)\right]}{\partial t}+\nabla\cdot\left[\vec{u}n(V,t)\right]+\underbrace{\nabla_v\cdot\left[G_v n(V,t)\right]}_{\text{生长项}}=$$

$$\underbrace{\frac{1}{2}\int_0^V a(V-V',V)(nV-V',t)n(V',t)\,\mathrm{d}V'}_{\text{聚并生成项}}$$

$$\underbrace{-\int_0^{+\infty} a(V,V')n(V,t)n(V',t)\,\mathrm{d}V'}_{\text{聚并消亡项}}\qquad(2.24)$$

$$\underbrace{+\int_{\Omega_V}\rho g(V')\beta(V|V')n(V',t)\,\mathrm{d}V'}_{\text{破碎生成项}}\underbrace{-g(V)n(V,t)}_{\text{破碎消亡项}}$$

式中：V' 为气泡发生变化前的体积，m^3；V 为气泡发生变化后的体积，m^3；$\vec{u}$ 为气泡速度，$\mathrm{m/s}$；$n(V,t)$ 为气泡体积为 V 的气泡数密度函数；$a(V,V')$ 为气泡聚并速率，$\mathrm{m/s}$；$\beta(V|V')$ 为体积为 V' 的气泡破碎为体积为 V 的气泡的概率密度函数；G_v 为气泡体积膨胀速率，m^3/s。

本书借鉴 Luo[82] 的气泡破碎模型，假设气泡为一分为二的机制破碎，认为在泡状流中的气泡主要受惯性力及黏性力的作用，而气泡的两种主要破碎机制为黏性剪切破碎和湍流破碎。在螺旋叶片式混输泵流场内，流体介质的雷诺数较大，忽略流体的黏性力影响，视螺旋叶片式混输泵内的气泡的破碎主要由气泡与湍流之间的能量传递所致。在非定常流场下，当脉动的湍流与气泡产生相互作用时，流体的湍动能将会转化为气泡的表面能。而当气泡表面能足够大时，气泡将产生二进制破碎。其具体表达式如下：

$$P_B(d,f_{BV},\lambda)=\exp\left(-\frac{c_f\pi d^2\sigma}{\rho_l\,\frac{4\pi}{3}\left(\frac{\lambda}{2}\right)^3\frac{\overline{u}_\lambda^2}{2}}\right)\qquad(2.25)$$

$$P_B(d,f_{BV})=\int_{\lambda\min}^d P_B(d,f_{BV},\lambda)\overline{\omega}_{B,\lambda}(d,\lambda)\,\mathrm{d}\lambda,\lambda_{\min}=0.2d\qquad(2.26)$$

$$P_B(d)=\frac{1}{2}\int_0^1 P_B(d,f_{BV})\,\mathrm{d}f_{BV},b(V')=P_B(b)/n_d\qquad(2.27)$$

$$\overline{\omega}_{B,\lambda}(d,\lambda)=\frac{\pi}{4}(d+\lambda)^2\overline{u}_\lambda\dot{n}_\lambda n_d\qquad(2.28)$$

$$\dot{n}_\lambda=\frac{0.822(1-\alpha)}{\lambda^4}\qquad(2.29)$$

式中：f_{BV} 为气泡一分为二后其中一子气泡的与母气泡的体积；$P_B(d,f_{BV},\lambda)$ 为来流涡尺寸为 λ 时，使气泡发生 f_{BV} 破碎的概率；$P_B(d,f_{BV})$ 为气泡发生 f_{BV} 破碎的湍流涡尺寸范围在 $[\lambda_{min},d]$ 内，气泡 V' 发生 f_{BV} 破碎的频率；$P_B(d)$ 为气泡发生破碎的湍流涡尺寸范围在 $[\lambda_{min},d]$ 内，气泡发生任意破碎的概率；$\overline{\omega}_{B,\lambda}(d,\lambda)$ 为单位体积内气泡直径为 d 的气泡与尺寸为 λ 的平均碰撞频率；n_λ 为尺寸 λ 到 $\lambda+d\lambda$ 的湍流涡的数密度。

气泡 V' 破碎生成气泡 V 的概率为

$$\beta(V\,|\,V')=\frac{P_B(d,f_{BV})}{P_B(d)} \tag{2.30}$$

任意气泡 V' 破碎生成子气泡 VV 的概率 $\beta(V\,|\,V')b(V')$ 的最终形式为

$$\beta(V\,|\,V')b(V')=P_B(d,f_{BV})/n_d \tag{2.31}$$

同理，本书采用 Luo 等[83] 的聚并模型，该模型只考虑气泡的二元聚并，其合并需经过气泡碰撞形成液膜、液膜排液变薄破裂、气泡合并三个过程。只有当两个气泡随机碰撞后形成液膜达到临界厚度后，才能使得液膜破裂、气泡合并。故该模型视气泡的形成速率取决于气泡间的碰撞频率与效率，而气泡碰撞频率取决于流场内气泡尺寸分布、气泡数密度及液相的流动结构。其具体表达式如下：

$$c(d_i,d_j)=\overline{\omega}_c(d_i,d_j)P_c(d_i,d_j)/(n_{d_i},n_{d_j}) \tag{2.32}$$

$$\overline{\omega}_c(d_i,d_j)=\frac{\pi}{4}(d_i+d_j)^2/\overline{u}_{i,j}n_{d_i}n_{d_j} \tag{2.33}$$

$$\overline{u}_{i,j}=(\overline{u}_i^2+\overline{u}_j^2)^{1/2} \tag{2.34}$$

$$\overline{u}_i=1.43(\varepsilon d_i)^{1/3} \tag{2.35}$$

$$P_c(d_i,d_i)=\exp\left\{-c_1\frac{[0.75(1+x_{ij}^2)(1+x_{ij}^3)]^{0.5}}{\left(\frac{\rho_g}{\rho_l}+0.5\right)^{0.5}(1+x_{ij}^3)}We_{ij}^{0.5}\right\} \tag{2.36}$$

$$We_{ij}=\frac{\rho_l d_i(\overline{u}_{ij})^2}{\sigma} \tag{2.37}$$

式中：c 为常数；$x_{ij}=d_i/d_j$；We_{ij} 为韦伯数；σ 为表面张力；$\overline{\omega}_c(d_i,d_j)$ 为体积为 V_i、V_j 两组气泡碰撞的频率；$P_c(d_i,d_i)$ 为气泡碰撞后能聚并的概率。

2.2　数值模拟设置

2.2.1　物理模型与网格划分

本书以螺旋叶片式混输泵的单个增压单元为主要研究对象，通过用 3D 软件

对计算域进行建模[84]，其三维几何模型由进口延长段、叶轮、导叶和出口延长段四部分组成，如图 2.1 所示，具体几何参数详见表 2.1。同时，对叶轮进口和导叶的出口段进行适当的延长以确保叶轮进口和导叶出口的流动能充分发展，降低边界条件对计算精度的影响。

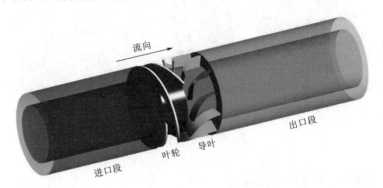

图 2.1　混输泵几何模型

表 2.1　　　　　　　　　　螺旋叶片式混输泵主要结构参数

设 计 参 数	符 号	数 值	单 位
叶轮叶片数	Z_1	3	片
导叶叶片数	Z_2	11	片
叶轮直径	D	161	mm
轮毂比	$\bar{d}$	0.7	—
进口轮毂直径	D_1	113	mm
叶轮出口轮毂直径	D_2	126	mm
叶轮轴向长度	e_1	60	mm
导叶轴向长度	e_2	66	mm
叶轮包角	α_1	188	(°)
导叶包角	α_2	35	(°)

　　在进行数值计算时，网格是物理模型与数学模型之间进行数据传递的重要载体，所生成网格的质量会直接影响着数值计算的准确性和收敛性。网格按照拓扑规律常分为结构化网格和非结构化网格两种，结构网格的节点分布较为规则，而每层网格的节点数相同，对复杂几何的贴体网格适应性较差。而非结构网格拓扑结构不规律，单个节点的邻点数不固定，网格的灵活性较高，能够较好地适应复杂几何模型。基于此，本次计算域采用六面体结构网格技术进行划分。由于叶顶间隙处的结构细微、流动情况极其复杂等原因，为确保 y＋值满足

13

湍流模型的要求，精确分析螺旋叶片式混输泵内的流动特性，对叶顶间隙计算域沿径向方向的网格进行了细化处理，如图 2.2 所示。

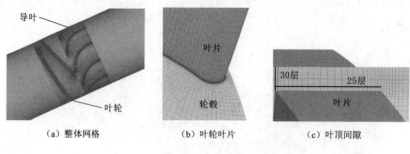

(a) 整体网格   (b) 叶轮叶片   (c) 叶顶间隙

图 2.2 计算域网格

2.2.2 边界条件与求解设置

为探究螺旋叶片式混输泵内气泡的聚并与破碎的演变机理，取十组不同气泡尺寸，具体尺寸范围见表 2.2。模拟时采用速度进口、压力出口的边界条件，叶轮设置为转速为 3000r/min 的反转模式。在计算时，首先采用适用于气液两相流的 Eulerian – Eulerian 模型进行稳态数值计算，收敛精度设置为 10^{-6}，旋转流体域为选择运动参考系。待稳定后，将旋转流体域更改为动网格，设置时间步长为 0.000111s（叶轮旋转 $2°$），对该模型进行瞬态数值计算。再次稳定后，加入 CFD – PBM 模型继续进行瞬态数值计算，当所检测的物理量波动平缓时，数值计算完成。

表 2.2   离散的气泡尺寸

Bin	Bin – 0	Bin – 1	Bin – 2	Bin – 3	Bin – 4	Bin – 5	Bin – 6	Bin – 7	Bin – 8	Bin – 9
直径/mm	10	5.9949	3.5938	2.1544	1.2916	0.774	0.464	0.278	0.167	0.1

2.2.3 网格和时间步长无关性验证

为了控制网格数量对仿真数据的影响，需在网格划分中选择合理的网格单元数。这样才能够在保证计算精度的情况下，同时减小计算耗时，节省时间成本。本节在纯水工况下取五组网格进行无关性验证，具体的计算结果见表 2.3。由表 2.3 可以看出，螺旋叶片式混输泵的扬程和效率随网格数的增加逐渐趋于平稳，当网格数大于第四组时，泵扬程与效率变化值均较小，可忽略网格数对计算的影响。综合考虑计算资源与计算的精度，最终选取计算域的网格数为 4606377。

表 2.3　　　　　　　　　　　网格无关性验证

网格组数	网格总数	H/m	$\eta/\%$	H/H_1	η/η_1
网格 1	2234518	6.08	35.74	1	1
网格 2	2824192	6.11	35.86	1.0049	1.0034
网格 3	3706406	6.19	36.58	1.0181	1.0240
网格 4	4606377	6.25	37.42	1.0280	1.0470
网格	5486700	6.28	37.55	1.0329	1.0506

时间步长是非定常计算的一个关键参数，根据螺旋叶片式混输泵的转速确定。较小时间步长能够更加精确地捕捉非定常信息，但是消耗更多的计算资源。采用 3 种时间步长（1.67×10^{-4} s、1.11×10^{-4} s 和 5.56×10^{-5} s）进行计算，分别对应叶轮旋转 3°、2° 和 1° 所需的时间，如图 2.3 所示。由图 2.3 可知，不同时间步长下监测点的压力变化高度一致，因此 3 种时间步长不会对计算结果造成影响。综合权衡计算精度和计算资源，最终选择时间步长 1.11×10^{-4} s 进行非定常计算。

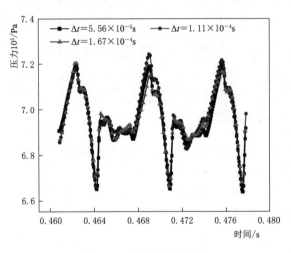

图 2.3　时间步长无关性

2.3　本　章　小　结

本章描述了螺旋叶片式混输泵在进行仿真计算时所采用的基本数学模型，主要包括基础控制方程、湍流模型、多相流模型、相间作用力模型及群体平衡模型。其次，展示了螺旋叶片式混输泵的几何参数和增压单元结构形式，并对其模型进行简化后的计算域进行结构网格划分及网格无关性验证，详细说明数值计算方案及具体设置。

第 3 章　螺旋叶片式混输泵内涡流理论

3.1　涡　量　理　论

3.1.1　涡量分解原理

Wang 等[61] 提出，涡量进一步分解为刚性涡量 ω_R 以及变形涡量 ω_S，并将刚性涡量 ω_R 的表达式简化为式（3.1）。为使涡线始终与涡轴平行得出刚性涡量的矢量表达式与数值大小，将基于涡量分解原理提取出刚性涡量，取其归一化进一步得到 Liutex 值，见式（3.2）。

$$\omega_R = \left[\omega \cdot r - \sqrt{(\omega \cdot r)^2 - 4\lambda_{ci}^2}\right] \cdot r \qquad (3.1)$$

$$\Omega_R = \frac{(\omega_R \cdot r)^2}{2\left[(\omega_R \cdot r)^2 - 2\lambda_{ci}^2 + 2\lambda_{cr}^2 + \lambda_r^2\right] + \varepsilon} \qquad (3.2)$$

式中：λ_{ci} 为速度梯度张量共轭复根的虚部；ω 为涡量；r 为涡轴方向。

3.1.2　刚性涡量输运方程

传统的涡量输运方程显示的并不是直观的涡旋演化过程，这是因为涡量本身有较强的剪切涡量污染。涡量输运方程受到剪切涡量影响，会使得涡动力分析中出现较大的误差。因此，Wang 等[85] 基于刚性涡量对流体机械内涡动力的分析将更有说服力，刚性涡量输运方程为式（3.3）。

$$\frac{\mathrm{d}\omega_R}{\mathrm{d}t} = \omega_R \, \nabla \dot{V} + V \, \nabla \omega_R + \nabla(\omega_R V) + (\upsilon_t + \upsilon_l)\Delta\omega + 2\omega_i \, \nabla V \qquad (3.3)$$

式中：$\omega_R \nabla V$ 为涡旋拉伸项 RST：$\omega_R \cdot \nabla V$ 表征涡核线的正应变，可反映涡线的纯拉伸与压缩变形，传统的涡量拉伸项 $\omega \cdot \nabla V$ 包含了倾斜、扭转等多种形变信息且伴有严重的剪切掺混；$V \nabla \omega_R$ 为涡旋膨胀项 RDT：$V \nabla \cdot \omega_R$ 与局部速度矢量平行，可反映涡管的切应变，包括扭转与弯曲变形等，本次不考虑介质的压缩性因此忽略该项；$\nabla(\omega_R V)$ 为伪兰姆项 RCT：$\nabla \times L_R$ 且 $L_R = \omega_R \times V$，包含剪切与时变效应，可遵循 Biot - Savart 定律反映涡旋强度的变化，在运动学上可视为刚性涡量的拟生成项；$(\upsilon_t + \upsilon_l)\Delta\omega$ 为耗散项 RVT：$(\upsilon_t + \upsilon_l)\Delta\omega$ 表征黏性诱导的涡旋扩散与耗散，在水力机械内主要表现为湍流黏度（υ_t）的作用；$2\omega_i \nabla V$ 为科里奥利力项 ROT：$2\omega_i \cdot \nabla V$ 表征旋转系统中 $Coriolis$ 效应，可反映叶轮旋转对涡旋变化的影响。

3.1.3　圆柱坐标系下刚性涡量的矢量分解方法

根据 Ansys 帮助文档的介绍，完成笛卡尔坐标系的旋转计算，如图 3.1 所示，设笛卡儿坐标（x，y，z）经 Z 轴旋转角度 θ，得到新的坐标（x_Q，y_Q，z_Q），对应的坐标变化为

$$\begin{pmatrix} \cos\varphi & -\sin\varphi & 0 \\ -\sin\varphi & -\cos\varphi & 0 \\ 0 & 0 & 1 \end{pmatrix} \begin{bmatrix} x \\ y \\ z \end{bmatrix} = \begin{bmatrix} x_Q \\ y_Q \\ z_Q \end{bmatrix} \tag{3.4}$$

刚性涡量的矢量表达式由式（3.1）得出，假设流体域内某一点的刚性涡量矢量为（R_x，R_y，R_z），以 Z 轴为旋转轴，将其进行圆柱坐标系下分解为（R_c，R_r，R_a）。这样可得刚性涡量的周向分量（R_c），其表达式为式（3.5），径向分量（R_r）其表达式为式（3.6），轴向分量（R_a）表达式为式（3.7）。

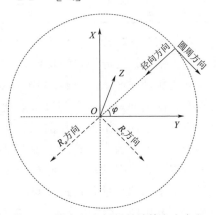

图 3.1　笛卡尔坐标系的计算方向定义

$$R_c = R_y \sin\theta - R_x \cos\theta \tag{3.5}$$

$$R_r = -R_x \sin\theta - R_y \cos\theta \tag{3.6}$$

$$R_c = R_z \tag{3.7}$$

3.2　压力脉动理论

为定量研究混输泵叶轮内压力脉动与旋涡拟能耗散的相互规律，定义压力脉动强度，公式如下：

$$\overline{p} = \frac{1}{N} \sum_{i=1}^{n} p_i \tag{3.8}$$

$$\overline{p}' = \sqrt{\frac{1}{N} \sum_{i=1}^{n} (p_i - \overline{p})^2} \tag{3.9}$$

式中：N 为统计周期内样本点数；p_i 为每个时间步压力数值；$\overline{p}$ 为统计周期内的算术平均值。

将压力脉动强度 $\overline{p}'$ 进行无量纲化：

$$I_{pf} = \frac{\overline{p}'}{\frac{1}{2} \rho U_{tip}^2} \tag{3.10}$$

式中：U_{tip} 为叶顶圆周速度；ρ 为液体的密度。

为了研究含气率对叶轮内压力脉动特性的影响，进一步探究旋涡拟能耗散规律，调节含气率对混输泵进行非定常计算，旋涡拟能耗散功率随含气率变化的计算结果见表 3.1。

表 3.1　　　　　　　　　　含气率对旋涡拟能耗散功率的影响

编号	$Q/[\mathrm{m}^3/\mathrm{h}]$	Rtc/mm	$IGVF$	P_k/W	P_{wall}/W	P_{ens}/W
1	100	1.0	5%	1084.41	604.22	1688.63
2	100	1.0	10%	1292.44	553.86	1846.30
3	100	1.0	15%	1438.50	532.17	1970.67
4	100	1.0	20%	1780.02	518.53	2298.55

为定量分析叶片叶顶压力脉动强度变化规律，沿叶片前缘至尾缘在压力面与吸力面的叶顶处分别均匀布置 20 个监测点，并在不同含气率工况下绘制叶片叶顶压力脉动强度 I_{pf} 曲线，如图 3.2 所示。由图可知，因流体流动方向与叶片安放角之间的冲角产生的前缘涡恶化了叶顶区域的流态，导致叶片前缘压力脉动强度较高。同时沿着叶片前缘至尾缘，叶顶流态逐渐趋于稳定，而产生于叶顶的分离涡扰乱流场，造成叶顶压力面的压力脉动强度呈现振荡减小的趋势。还发现随着含气率的增加，叶片压力面的压力脉动强度增强。这反映了气相增大叶顶泄漏涡的涡量和旋涡尺度，导致叶顶区域流态紊乱，增强旋涡拟能耗散。此外，在 0.1~0.5 倍弦长区间，在不同含气率工况下叶片吸力面压力脉动强度重合度很高，证明含气率对这段区域流态影响不大。然而，在 0.5~1.0 倍弦长区间，在叶片叶顶吸力面附近产生的次泄漏涡和尾缘涡显著地恶化叶顶区域流场，引起压力脉动剧烈变化。明显地，随着含气率增加，次泄漏涡和尾缘涡尺度不断增大，导致叶片吸力面压力脉动强度增强。

为直观地展示叶顶泄漏流的流动形态，在叶片叶顶压力面布置一条线段，其从叶片前缘延伸至尾缘。以此线段释放三维流线，并在径向截面 RS_1~RS_4 上展示压力脉动强度 I_{pf}，如图 3.3 所示。由图可知，由于叶片叶顶与泵体壁面的相对运动和叶顶压差作用，产生的叶顶泄漏流与主流卷吸形成叶顶泄漏涡。主泄漏涡初生于叶片前缘，沿流动方向向下游运动，其涡量逐渐减小，而旋涡尺度不断增大。在 RS_3~RS_4 之间的区域，强烈的叶顶压差产生高速的泄漏流，其与主泄漏涡掺混，增强了主泄漏涡的流速。随着含气率的增加，主泄漏涡的初生点逐渐向前缘移动，而且旋涡流态越来越紊乱，导致旋涡拟能耗散增强。同时通过对径向截面分析发现，叶顶泄漏涡涡核的压力脉动强度最高，沿着流动方向逐渐减弱。表明旋涡涡核的压力脉动强度与涡量密切相关。随着含气率的增加，在 RS_1~RS_3 上叶顶泄漏涡涡核的压力脉动强度逐渐减弱。然而，在 RS_4 上叶顶泄漏涡涡核的压力

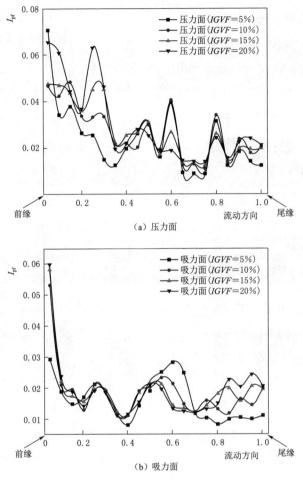

（a）压力面

（b）吸力面

图 3.2　叶顶处压力脉动强度

脉动强度逐渐增强，这与主泄漏涡诱导叶片压力面产生的诱导涡有关。

　　为研究叶轮壁面上压力脉动强度分布规律，在轮毂、叶片和轮缘上展示压力脉动强度 I_{pf}，如图 3.4 所示。由图可知，叶轮壁面上压力脉动强度分布与叶顶泄漏涡密切相关。首先，前缘涡扰乱了叶片前缘的流场，增强了压力脉动强度。然后，叶顶分离涡产生于叶片叶顶处，其涡核紧贴叶顶运动并增强了压力脉动强度，如方框标记区域所示。最后，主泄漏涡脱离叶片吸力面并贴近轮缘向下游运动，因此增强了椭圆标记区域的压力脉动强度。同时发现随着含气率的增加，叶顶分离涡和主泄漏涡引起的压力脉动强度逐渐减弱。然而，仔细观察发现叶片压力面中部存在一个局部高压力脉动强度区域，而且随着含气率的增加，该区域逐渐扩大。这是因为主泄漏涡沿着叶片压力面运动，诱导壁面产生旋向相反的小尺度诱导涡，增强了压力脉动强度。此外，随着含气率的增加，

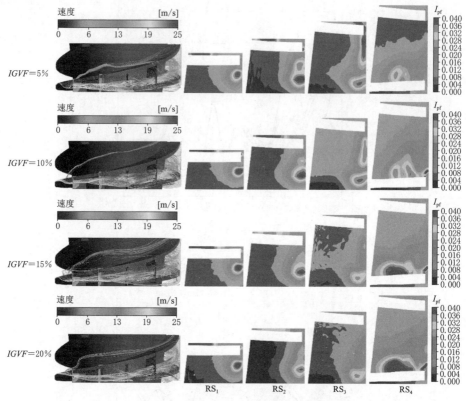

图 3.3 叶轮内三维流线与压力脉动强度

主泄漏涡旋涡尺度增大,而且主泄漏涡轨迹与叶片的夹角增大,导致主泄漏涡与叶片压力面的相互作用增强,进一步扩大了高压力脉动强度区域。

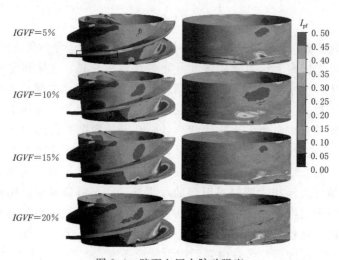

图 3.4 壁面上压力脉动强度

3.3　能量耗散理论

3.3.1　熵产理论

如何量化混输泵内的流动损失，可以通过熵产理论解决这一问题。熵作为一个热力学中的概念，主要描述了一个系统的混乱程度，那么，在研究流体机械的能量损失即熵产理论时，一般主要考虑两种形式：直接耗散熵产和湍流耗散熵产，二者分别由平均速度和脉动速度产生，也包括壁面处剪切带来的熵产损失。其中平均速度引起的计算公式为式（3.11），由脉动速度引起的计算公式为式（3.12），壁面熵产的计算公式为式（3.13）。

$$S_{\overline{D},pro}=\frac{\mu}{T}\left\{2\left[\left(\frac{\partial\overline{u}}{\partial x}\right)^2+\left(\frac{\partial\overline{v}}{\partial x}\right)^2+\left(\frac{\partial\overline{w}}{\partial x}\right)^2\right]+\left[\left(\frac{\partial\overline{v}}{\partial x}+\frac{\partial\overline{u}}{\partial y}\right)^2+\left(\frac{\partial\overline{w}}{\partial x}+\frac{\partial\overline{u}}{\partial z}\right)^2+\left(\frac{\partial\overline{v}}{\partial z}+\frac{\partial\overline{w}}{\partial y}\right)^2\right]\right\}$$

$$(3.11)$$

$$S_{D',pro}=\frac{\mu}{T}\left\{2\left[\left(\frac{\partial u'}{\partial x}\right)^2+\left(\frac{\partial v'}{\partial x}\right)^2+\left(\frac{\partial w'}{\partial x}\right)^2\right]+\left[\left(\frac{\partial v'}{\partial x}+\frac{\partial u'}{\partial y}\right)^2+\left(\frac{\partial w'}{\partial x}+\frac{\partial u'}{\partial z}\right)^2+\left(\frac{\partial v'}{\partial z}+\frac{\partial w'}{\partial y}\right)^2\right]\right\}$$

$$(3.12)$$

$$S_{\text{wall}}=\frac{\tau v_0}{T} \tag{3.13}$$

式中：u、v、w 分别为相对速度在笛卡儿坐标系下 x、y、z 的分量；"—"为该变量的时均值；"'"为该变量的脉动值；τ 为壁面剪切力；μ 为介质黏度和湍流黏度之和；T 为温度；v_0 为网格第一层的速度。

熵产值作为衡量流体机械流动中的能量损失的重要指标，其表达式为

$$S_D=S_{\overline{D},pro}+S_{D',pro}+S_{\text{wall}} \tag{3.14}$$

3.3.2　旋涡拟能耗散理论

在旋转机械运行过程中，能量转换过程中会伴随能量损失。叶顶间隙内产生的叶顶泄漏涡易导致螺旋叶片式混输泵内能量损失的增加，为了定量分析叶顶泄漏流对混输泵内能量损失的影响，引入纯水的动能输运方程 $E=\frac{1}{2}|u|^2$ 表达式：

$$\rho\frac{DE}{Dt}=\rho f\cdot u+(\nabla\cdot u)p+\nabla\cdot(S_T\cdot u)-\phi \tag{3.15}$$

式中：S_T 为应力张量，其表达式为 $S_T=2\mu S_r-(p-2/3\cdot(S_T\cdot u))I$，其中 S_r，I，μ，u 和 p 分别为应变率张量、单位张量、动力黏度、相对速度和压强。

并且 $\phi=-\dfrac{2\mu\ (\nabla\cdot u)^2}{3}+2\mu S_r$。如果不考虑纯水的压缩性，按照张量分解定律，$\phi$ 的表达式如下：

$$\phi=\mu\,|\Omega|^2-2\mu\,\nabla\cdot[(\nabla\cdot u)I-\nabla u^{\mathrm{T}}]\cdot u \tag{3.16}$$

式中：Ω 表示涡量。将式（3.15）代入式（3.16）中，并且忽略体积力的影响，得到纯水的能量输运方程表达式如下：

$$\rho\frac{DE}{Dt}=-\nabla\cdot(pu)-\nabla\cdot(\mu\Omega\times u)-\mu\,|\Omega|^2 \tag{3.17}$$

式中：$\nabla\cdot(pu)$ 为单位时间内压力梯度在流动方向上的做功；$\nabla\cdot(\mu\Omega\times u)$ 为涡量和速度对黏性流体的非线性作用；$\mu\,|\Omega|^2$ 为流体黏性和涡量场对动能产生的耗散作用，称为旋涡拟能耗散率。旋涡拟能耗散率始终为正值，产生的黏性耗散使得流体的动能衰减。

体积旋涡拟能耗散率函数表达式如下：

$$\Phi_k=\mu\left[\left(\frac{\partial w}{\partial y}-\frac{\partial v}{\partial z}\right)^2+\left(\frac{\partial u}{\partial z}-\frac{\partial w}{\partial x}\right)^2+\left(\frac{\partial v}{\partial x}-\frac{\partial u}{\partial y}\right)^2\right] \tag{3.18}$$

式中：u,v 和 w 分别表示沿 x、y 和 z 方向的速度分量。

对于湍流，经过雷诺时间平均后，体积旋涡拟能耗散率可拆分为两项：

$$\Phi_k=\Phi_{\mathrm{ave}}+\Phi_{\mathrm{ful}} \tag{3.19}$$

式中：Φ_{ave} 为平均旋涡拟能耗散率；Φ_{ful} 为脉动旋涡拟能耗散率。

$$\Phi_{\mathrm{ave}}=\mu\left[\left(\frac{\partial\overline{w}}{\partial y}-\frac{\partial\overline{v}}{\partial z}\right)^2+\left(\frac{\partial\overline{u}}{\partial z}-\frac{\partial\overline{w}}{\partial x}\right)^2+\left(\frac{\partial\overline{v}}{\partial x}-\frac{\partial\overline{u}}{\partial y}\right)^2\right] \tag{3.20}$$

$$\Phi_{\mathrm{ful}}=\mu\left[\overline{\left(\frac{\partial w}{\partial y}-\frac{\partial v}{\partial z}\right)^2}+\overline{\left(\frac{\partial u}{\partial z}-\frac{\partial w}{\partial x}\right)^2}+\overline{\left(\frac{\partial v}{\partial x}-\frac{\partial u}{\partial y}\right)^2}\right] \tag{3.21}$$

Kock 等[86] 提出，脉动旋涡拟能耗散率与数值计算使用的湍流模型密切相关。因此，将脉动旋涡拟能耗散率定义为湍流耗散率 ε 与流体密度 ρ 的乘积。

$$\Phi_{\mathrm{ful}}=\rho\varepsilon \tag{3.22}$$

因叶轮固体壁面采用无滑移壁面条件，所以叶轮固体壁面会产生不可忽略的能量耗散。所以，采用 Hou 等[87] 提出的壁面旋涡拟能耗散率计算公式：

$$\Phi_{\mathrm{wall}}=\tau\cdot v \tag{3.23}$$

将式（3.20）、式（3.22）和式（3.23）分别进行积分，得到平均旋涡拟能耗散功率 P_{ave}、脉动旋涡拟能耗散功率 P_{ful} 和壁面旋涡拟能耗散功率 P_{wall}：

$$P_{\mathrm{ave}}=\int_0^V\Phi_{\mathrm{ave}}\mathrm{d}V \tag{3.24}$$

$$P_{\mathrm{ful}}=\int_0^V\Phi_{\mathrm{ful}}\mathrm{d}V \tag{3.25}$$

$$P_{wall} = \int_0^S \Phi_{wall} dS \qquad (3.26)$$

定义体积旋涡拟能耗散功率和总旋涡拟能耗散功率分别为 P_k 和 P_{ens}。

$$P_k = P_{ave} + P_{ful} \qquad (3.27)$$

$$P_{ens} = P_k + P_{wall} \qquad (3.28)$$

3.3.3　转子焓守恒理论

涡量分解理论，将涡量分解为旋转涡量和变形涡量，从工程应用角度上来说，尤其是针对这种涡旋失速特性，采用势转子焓这种二次流诊断理论可以有效地量化旋涡等二次流，进而挖掘不稳定流动的深层次原因。在螺旋叶片式混输泵增压单元内，当流体沿叶片轮廓线做均匀流动时，即流体的运动轨迹与叶片几何型线平行，叶轮叶片做功效率很高，并且流道内总转子焓 I 沿流线守恒，表达式为

$$I = I_p + I_k \qquad (3.29)$$

式中：I_p 为势转子焓；I_k 为动转子焓。

其中，由于动转子焓始终与相对速度矢量方向垂直，故不参与流动的改变，因此认为势转子梯度（PRG）是影响流体稳定流动的主要因素。

3.3.4　势转子焓梯

势转子焓（potential rothalpy）[88] 的表达式为

$$I_p = \frac{P}{\rho} - \frac{1}{2}\omega_i^2 r^2 \qquad (3.30)$$

式中：r 为径向方向；ω_i 为叶轮角速度。

该方程沿袭了传统透平机械二次流理论的观点，认为涡量的流向分量标志着二次流的产生[89]。

势转子焓梯度表达式为式（3.31），该式可以表示流道中势转子焓梯度的大小，是用来检测二次流的量化指标。对于式（3.31）两边取散度，得到速度场的泊松方程为式（3.32）。

$$V \cdot \nabla V = -\nabla I_p - 2\omega \times V \qquad (3.31)$$

$$\Delta I_p - 2\omega \cdot \nabla \times V = 2Q \qquad (3.32)$$

式中：Q 为速度梯度张量 ∇V 的第二不变量，当刚性涡量明显强于变形涡量时认为涡旋发生，即 Liutex – Omega 中相对涡旋强度 Ω_R 大于 0.5，其中 $Q>0$ 等价于 $\Omega_R>0.5$，这再次证明，势转子焓梯度的大小主导二次涡流的产生。

作为诊断流动稳定性的函数值，SI 值可以有效地量化流域内二次流动程度，其表达式为

$$SI = \frac{PRG}{F_C} = \frac{\parallel -\nabla I_p \parallel_2}{\parallel -2\omega \times V \parallel_2} \tag{3.33}$$

对于螺旋轴流式混输泵而言，在叶片的几何形状既定情况下，势转子焓梯度 PRG 低于科氏力 F_C 时，流动的稳定性较高。势转子梯度是由于叶片与流体的相互作用产生的，找到合适的 PRG 用以平衡科氏力 F_C，可以使得流体保持沿叶片轮廓线型做流动稳定。Peng 等[65] 发现，在轴流式叶片泵内，当 SI 值大于 1 时流动会很不稳定。

基于刚性涡量的分析能更清晰地描述叶轮内二次流的宏观产生机制，这有助于更明确地理解叶轮内的本质流动特征。

3.4　本　章　小　结

本章对涡量理论、压力脉动理论及能量耗散理论进行了介绍，为后续的研究提供理论基础。

第4章 螺旋叶片式混输泵流道内旋涡结构的识别

螺旋叶片式混输泵叶轮通道中的流场是一个复杂的多相三维湍流，湍流的流动总是很难掌握其规律的，要想研究湍流，首先需要掌握旋涡结构的演变规律。然而，流道内部的旋涡无处不在，难以给予一个准确的物理定义，不同尺度、不同形态的涡在流场中相互影响又各自发展。因此，寻找螺旋叶片式混输泵与其他流体机械中涡的共性，结合涡识别方法来捕获叶轮主流道中存在的涡，赋予这些涡一个简单的定义，再对这些涡的流动特性进行总结和讨论，有助于对泵内部复杂流场的研究。

4.1 涡识别方法的定义

4.1.1 涡与涡量

涡（vortex）与涡量（vorticity）在流体力学中是两个很难区分开的基本概念，在用于描述湍流场中的流体运动时，容易将涡与涡量混为一谈。早在1858年，Helmholtz提出了涡丝（vortex vilament）的概念，把涡定义为涡量管（vorticity tube），把涡量大小定义为涡的强度，或者旋转强度，在数学定义中，一般将涡量线 vortex filament 定义为处处与涡量向量相切的曲线，将涡量管定义为涡区的一条封闭曲线（非涡量线）上各点的所有涡量线所组成的管状曲面，将涡量丝（vorticity filament）定义为截面趋近于无穷小时的涡管。这就是最初的涡量识别法。不仅如此，Helmholtz把涡量线称为涡线（vortex line），把涡量管称为涡管（vortex tube），把涡量丝称为涡丝（vortex filament），可见在 Helmholtz 的定义中就已把流体旋转的自然现象即旋涡和涡量等价起来，并且这种混淆随着涡线、涡管和涡丝这些术语的沿用延续到现在。基于以上涡量线、涡量管和涡量丝的概念，Helmholtz提出著名的涡动力学三大定律：①在同一瞬间，沿涡管（或涡丝）的强度不变；②涡管（或涡丝）不能在流体中中断，而只能结束于流场边界处或者形成闭合的曲线；③如果流体初始无旋，并且体积力有势，那么流体将保持无旋。很明显，虽然 Helmholtz 在定律中用的术语都是旋涡，但实际上讲的全是涡量，也就是把自然界的旋涡和数学上的涡量完全等价起来。

实际上，涡量作为描述旋涡运动最重要的物理量之一，定义为流体速度矢量的旋度 $\omega = \nabla \times V$，这里 ∇ 代表哈密顿算子，V 为流体速度矢量。涡量是流体微元的应变率张量主轴的瞬时旋转角速度的两倍，它的特点是：①涡量场是一个无源场，涡管强度在任意位置不变，涡线和涡管无法在流体中产生和终止；②三维边界衰减涡量场总涡量的空间积分为零，二维边界衰减涡量场的涡量积分为定值。涡是涡量聚集的地方，其特点为：①涡是一种空间结构，可以具有轴向速度；②涡是湍流的基本形态和结构；③点涡及其线分布是 N-S 方程的基本解。

总的来说，涡量大的区域可能没有流体旋转，并不能说明有旋涡存在，尤其是壁面边界层极易导致涡量的误判。近几十年来，尽管还是无法准确定义流场中的涡，学者们还是通过各种方法实现了三维湍流中旋涡结构的可视化。

4.1.2　涡识别方法概述与选取

1. Q 准则

由 Hunt 等[90] 在 1988 年提出的 Q 准则识别方法，主要用于不可压缩流场中旋涡结构的捕捉。Q 准则被定义为涡度张量规范平方减去应变率张量规范平方后的残差，可以表示为

$$Q = \frac{1}{2}(\parallel B \parallel_F^2 - \parallel A \parallel_F^2) \tag{4.1}$$

式中：A 和 B 分别为速度梯度张量 ∇v 的对称和反对称部分，$\parallel \cdot \parallel_F^2$ 为 Frobenius 范数，$Q > 0$ 的区域被确定为涡流，Q 准则的物理意义是流场旋转部分的涡度大于变形而占主导地位。

$$A = \frac{1}{2}(\nabla v + \nabla v^T) = \begin{pmatrix} \dfrac{\partial u}{\partial x} & \dfrac{1}{2}\left(\dfrac{\partial u}{\partial y}+\dfrac{\partial v}{\partial x}\right) & \dfrac{1}{2}\left(\dfrac{\partial u}{\partial z}+\dfrac{\partial v}{\partial x}\right) \\ \dfrac{1}{2}\left(\dfrac{\partial v}{\partial vx}+\dfrac{\partial u}{\partial y}\right) & \dfrac{\partial v}{\partial y} & \dfrac{1}{2}\left(\dfrac{\partial v}{\partial z}+\dfrac{\partial v}{\partial y}\right) \\ \dfrac{1}{2}\left(\dfrac{\partial w}{\partial x}+\dfrac{\partial u}{\partial z}\right) & \dfrac{1}{2}\left(\dfrac{\partial w}{\partial y}+\dfrac{\partial v}{\partial z}\right) & \dfrac{\partial w}{\partial z} \end{pmatrix} \tag{4.2}$$

$$B = \frac{1}{2}(\nabla v + \nabla v^T) = \begin{pmatrix} 0 & \dfrac{1}{2}\left(\dfrac{\partial u}{\partial y}-\dfrac{\partial v}{\partial x}\right) & \dfrac{1}{2}\left(\dfrac{\partial u}{\partial z}-\dfrac{\partial w}{\partial x}\right) \\ \dfrac{1}{2}\left(\dfrac{\partial v}{\partial x}-\dfrac{\partial u}{\partial y}\right) & 0 & \dfrac{1}{2}\left(\dfrac{\partial v}{\partial z}-\dfrac{\partial w}{\partial y}\right) \\ \dfrac{1}{2}\left(\dfrac{\partial w}{\partial x}-\dfrac{\partial u}{\partial z}\right) & \dfrac{1}{2}\left(\dfrac{\partial w}{\partial y}-\dfrac{\partial v}{\partial z}\right) & 0 \end{pmatrix} \tag{4.3}$$

2. λ_2 准则

Jeong 等[91] 提出的λ_2准则同样适用于不可压缩流体，因为涡核处于压强最低点，则通过这个最低点来判定涡的位置，忽略不可压缩 Navier-Stokes 方程中的非定常和黏性项的条件，同样将速度梯度张量分解为对称部分 A 和反对称部分 B。假设 A^2+B^2 的三个特征值 λ_1、λ_2、λ_3，如果按 $\lambda_1>\lambda_2>\lambda_3$ 进行排列，那么 A^2+B^2 存在两个负特征值，即 $\lambda_2<0$。其中 $\lambda_2<0$ 的区域判定为涡。

3. Δ 准则

对于 3×3 的矩阵而言，其特征值大致存在两种情况：①三个实特征值；②一个实特征值和一对复共轭特征值。这完全取决于 Δ。如果 $\Delta>0$，那么速度梯度张量 ∇v 存在一对复共轭特征值，数学表达式为

$$\Delta=\left(\frac{Q}{3}\right)^3+\left(\frac{R}{2}\right)^2>0 \tag{4.4}$$

Perry 等[92] 根据临界点理论，定义涡为速度梯度张量 ∇v 存在一对复共轭特征值的区域。事实上，提出的 Δ 准则中已经发现了速度梯度张量 ∇v 的第二不变量 Q。因此，Q 判据为涡的地方，Δ 准则也会判定为涡。但 Q 判据不是涡的地方，有可能根据 Δ 准则也会判定为涡。

4. λ_{ci} 准则

λ_{ci} 准则在 Δ 准则上进一步发展，当 ∇v 有一对共轭实特征值时（即 $\Delta>0$），设其特征值为 $\lambda_1=\lambda_r$，$\lambda_{2,3}=\lambda_{ci}\pm i\lambda_{cr}$，对应的特征向量为 $v_1=v_r$，$v_{2,3}=v_{ci}\pm iv_{cr}$，将 ∇v 进行分解如下。

$$\nabla v=\begin{bmatrix} v_r & v_{ci} & v_{cr}\end{bmatrix}\begin{bmatrix}\lambda_r & 0 & 0 \\ 0 & \lambda_{cr} & \lambda_{ci} \\ 0 & -\lambda_{ci} & \lambda_{cr}\end{bmatrix}\begin{bmatrix} v_r & v_{ci} & v_{cr}\end{bmatrix}^{-1} \tag{4.5}$$

在曲线坐标系 (c_1,c_2,c_3) 下，瞬时流线与迹线相同，则有

$$c_1(t)=c_1(0)e^{\lambda_r t} \tag{4.6}$$

$$c_2(t)=\left[c_2(0)\cos(\lambda_{ci}t)+c_3(0)\sin(\lambda_{ci}t)\right]e^{\lambda_{cr}t} \tag{4.7}$$

$$c_3(t)=\left[c_3(0)\cos(\lambda_{ci}t)+c_2(0)\sin(\lambda_{ci}t)\right]e^{\lambda_{ci}t} \tag{4.8}$$

式中：t 为类似时间参数，$c_1(0)$，$c_2(0)$，$c_3(0)$ 为初始条件决定的常数。

由式（4.7）和式（4.8）可知迹线的轨迹为螺旋线，流体粒子的轨道周期为 $2\pi/\lambda_{ci}$。Zhou 等[93] 提出用速度梯度张量 ∇v 特征根的虚部 λ_{ci} 的等值面来表示旋涡强度，一般 $\lambda_{ci}>0$ 的等值面判定为涡。

4.1.3　涡量与涡结构的对比分析

为了筛选出更适合于捕捉螺旋叶片式混输泵叶轮通道内的旋涡结构的涡识

别方法，将涡量和被广泛应用于不可压缩流体的 λ_2 准则和 Q 准则方法的结果进行了比较，这三种方法的所取阈值都为 0.01，如图 4.1 所示。

图 4.1（a）为涡量方法，从图中可以看出，受到叶轮室、轮毂和叶片表面边界层强烈的影响，涡量法识别出的涡在叶轮通道中几乎看不到旋涡结构，因为在涡量的计算公式中，

$$\omega_z = \frac{\partial V}{\partial x} - \frac{\partial U}{\partial y} = 2y - H \tag{4.9}$$

$y = 0$ 或 $H = 0$ 都会导致涡量值很大，即涡量在壁面的湍流流动中数值大却不是旋转导致的，涡量与旋涡结构的相关性就变得十分微弱。显然，涡量法所展示的三维湍流的效果与实际流场相差甚远，实际上涡量在二维视角上（沿叶轮轴向、周向、径向上观察）才能避免边界层影响。

图 4.1（b）为 λ_2 准则方法，从图中可以看出，λ_2 准则在叶轮通道中识别的流场已经剔除大部分来自叶轮室边界层的影响，其流动结构清晰完整，尤其是在叶轮进口和出口，能够发现分散破碎的旋涡结构，这些旋涡结构脱离了壁面的涡团而被识别出来，叶片前缘和叶片尾缘分别受水流冲击和动静干涉影响，所以观察到这些旋涡结构的形态、尺度均大小不一。

　　　（a）涡量方法　　　　　　　（b）λ_2 准则方法　　　　　　（c）Q 准则方法

图 4.1　不同涡识别法展示的内部结构

图 4.1（c）为 Q 准则方法，从图中可以发现，与 λ_2 准则方法相比，Q 准则无疑能识别到更多的旋涡结构，最明显的区别集中在叶片表面，由于剔除了壁面剪切层的大部分影响，能够清晰地展示出流动分离的旋涡结构，内部流场变得更加丰富，识别出的旋涡结构种类更多。Q 准则方法在用于捕捉螺旋叶片式混输泵叶轮通道内的旋涡结构具有明显优势，为接下来分析旋涡结构初生位置和生成原因提供重要的帮助。

4.2　叶轮主流道内旋涡的生成位置与因素

4.2.1　主流道内旋涡初生位置确定

尽管 Q 准则能够有效剔除叶轮室壁面剪切层的影响，但是在三维视角下轮

毂壁面剪切层的干扰依然严重却又不能忽视。为了完全消除轮毂区域的影响，使得旋涡结构清晰可见，选择 CFD - Post 后处理软件中的 Iso Clip 功能裁剪掉轮毂的涡识别区域，如图 4.2 所示。

图 4.2　剔除 Q 准则识别的轮毂区域影响

涡量法的不足之处在于涡量场不能很好地捕捉旋涡结构，而 Q 准则方法识别出的旋涡结构则完全取决于阈值的大小，即在三维视图中观察到的旋涡区域，除了清晰完整的旋涡形态能被认定为是涡结构外，在同一个等值面上，其他小尺度的旋涡结构会被忽略。为了弥补这些识别方法的缺点，本书选择先在固定阈值的 Q 准则等值面上显示叶轮主流道的旋涡区域，再使用涡量强度进行着色，通过涡量分布情况来进一步筛选旋涡结构。

使用涡量值着色后的 Q 准则等值面（$Q = 0.97 \times 10^{-5}\ \mathrm{s}^{-2}$）示意图如图 4.3 所示。从图中可以看到，叶轮流道内许多分散脱落的旋涡结构涡量值都不大，而叶片吸力面上大面积的高涡量区域属于壁面剪切层的干扰也被排除，因此叶轮通道中出现了三处高涡量值的旋涡区域：叶片前缘轮缘位置，叶片中间段附近，以及叶轮出口位置叶片尾缘上。实际上，每个叶轮通道内形成的旋涡，其

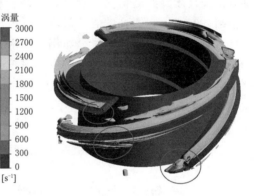

图 4.3　三维视图下 Q 准则识别旋涡结构的涡量分布情况

形态都完全不相同，也不是每个通道中都存在细小散碎的旋涡结构，这体现了湍流流场的无规则性和随机性。

为了验证识别出来的旋涡结构的精确性，同时确认旋涡结构的生成位置，为后续研究旋涡结构在流场中的流动特性和演变规律建立基础，在叶轮沿轴向的位置选取了三个截面，这三个截面的位置在旋涡结构出现的附近区域，如图 4.4 所示。

叶轮沿轴向上三个截面的涡量分布云图如图 4.5 所示，从图 4.5（a）中可以看出，截面 1 所在的位置为叶轮进口区域，发现高涡量区域连接了叶片的轮

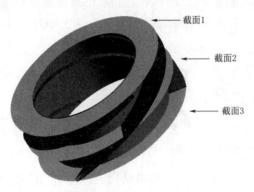

图 4.4　螺旋叶片式混输泵叶轮通道
轴向截面示意图

毂和轮缘形成了带状区域，对比图 4.3 展示的三维旋涡结构，发现高涡量区域与旋涡区域相同，除此之外，还发现截面 1 上存在有几个小面积的中高涡量区，与三维视图下的小尺度旋涡结构的位置也能一一对应；观察图 4.5（b）可知，截面 2 上全为低涡量区，然而叶片中间段存在有旋涡结构，这说明涡量在二维平面上的判断仍然存在缺陷，因此使用不同的方法相互验证才能符合真实流场的状态；图 4.5（c）截面对应的位置为叶轮出口区域，可以看到截面 3 的整体涡量值最大，高涡量区出现在叶片尾缘附近，与图 4.3 识别到的大尺度旋涡结构完全吻合。此外，平面视图下旋涡结构的内部展示得更加清晰，旋涡中心的涡量值较低，所以高涡量区所包围的低涡量区域就是旋涡区域。纵观整个截面的涡量分布图，发现在叶轮轴向方向上，来自轮毂和轮缘的壁面边界层并没有干扰主流场的涡量值判断，消除了三维视图下涡量识别方法的弊端，所以本书结合 Q 准则和二维平面的涡量分布的方法，取长补短，对旋涡结构的研究具有一定的优势。

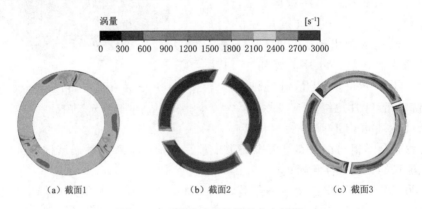

（a）截面 1　　　　　　（b）截面 2　　　　　　（c）截面 3

图 4.5　不同截面下的涡量分布情况

4.2.2　主流道内旋涡的生成因素探讨

为了研究导致叶轮主流道内旋涡生成的因素，选择分析流量、转速、进口含气率这几个运行参数下叶轮主流道内的流场，并使用 Q 准则对通道中的旋涡结构进行识别，进而探讨旋涡的生成因素。是三个转速工况下旋涡结构的三维视图如图 4.6 所示，由图可知，在叶轮转速 $n = 2400\text{r/min}$ 时，压力面后半段生成了旋涡结构，它沿着压力面向下游流动，呈现出一条带状的旋涡形态。当转速增加到 $n = 3000\text{r/min}$ 时，这条带状旋涡从中间部分开始分裂，直到转速 $n = 3600\text{r/min}$ 时消散。而在叶轮转速 $n = 3600\text{r/min}$ 工况下，叶轮进口区域的流动情况复杂，叶片前缘生成了小尺度的旋涡，吸力面后半段同样形成了一条带状的旋涡结构。随着转速的变化，叶轮出口处的尾缘涡结构也随之变化。

进口

(a) $n = 2400\text{r/min}$　　　　(b) $n = 3000\text{r/min}$　　　　(c) $n = 3600\text{r/min}$

图 4.6　不同转速工况下旋涡结构的三维视图

三个流量工况下旋涡结构的三维视图如图 4.7 所示，从图 4.7 中可以看出，低流量工况下，叶轮进口的流体冲击更加强烈，流动的稳定性被破坏，压力面前段和吸力面中段的位置生成了一个形态完整的通道涡结构，流量增加至 $1.0Q$ 时，流动逐渐平稳，通道涡消散，在叶片之间的压差力作用下，压力面附近容易产生旋涡结构，随着流量增加至 $1.2Q$，通道内流速增快，旋涡结构沿着整个压力面发展形成一条带状的区域。

(a) $0.8Q$　　　　　　(b) $1.0Q$　　　　　　(c) $1.2Q$

图 4.7　不同流量工况下旋涡结构的三维视图

不同进口含气率下旋涡结构的三维视图如图 4.8 所示，由图可知，由于气相的加入，叶轮主流道内变成了两相混合的复杂流态，当 $IGVF = 5\%$ 时，叶轮进口受到两相流体的冲击流入，叶片前缘出现脱流的小涡，在气相分布的影响下，吸力面与壁面的垂直夹角处生成了小型的羊角涡结构，同时压力面上的旋涡区域发生脱落，生成新的旋涡结构。当 $IGVF = 10\%$ 时，流体中气体的增加，使吸力面上的旋涡结构尺度扩大，压力面附近脱落的旋涡结构沿压力面向下游发展。

综上所述，叶轮转速、介质流量和含气率大小等均会导致混输泵主流道内出现旋涡，并影响旋涡的发展。

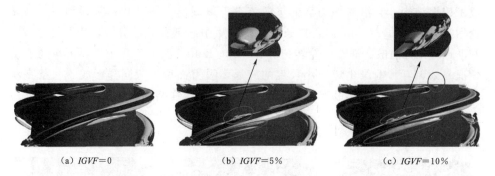

(a) $IGVF=0$　　　　　(b) $IGVF=5\%$　　　　　(c) $IGVF=10\%$

图4.8　不同进口含气率下旋涡结构的三维视图

4.3　本 章 小 结

本章首先阐述了涡量与涡的物理意义和数学意义，对这两个流体力学的基本概念进行了区分，然后介绍了几种涡识别方法，比较了涡量和 Q 准则，λ_2 准则在螺旋叶片式混输泵流场的适用性，然后使用涡量值在 Q 准则等值面上进行着色处理，确定叶轮通道内旋涡的诞生位置，最后讨论了旋涡生成因素。得出的结论如下：

（1）Q 准则对螺旋叶片式混输泵叶轮内部流场的旋涡结构的识别具有很大的优势，它能消除叶片表面的壁面剪切层的干扰，这是涡量法无法做到的，同时它也可以识别出大部分的旋涡结构，将旋涡结构的形态展示得十分清晰和完整，但 Q 准则过于依赖阈值，无法区分所有的旋涡结构，而通过涡量分布的情况可以区分，排除边界层影响，涡量最大的区域就是旋涡结构。不仅如此，涡量在二维平面上的分布与三维结构的相性很好，对于叶轮通道中的流态特征发生变化的区域能与涡量判断出的旋涡区域吻合，即旋涡结构扰乱了该处的流场。

（2）转速、流量、进口含气率都是导致旋涡生成的原因。转速主要影响了叶轮进口和叶轮通道的后半部分的流场，低转速下，压力面后半段生成了旋涡，随着转速升高，叶片前缘形成脱落涡结构，吸力面后段从叶片上分离出旋涡；流量影响了叶轮通道中的流场，低流量下通道中流速缓慢，压力面前段和吸力面中段之间的位置生成了大尺度的通道涡，流量增加，压力面后半段上形成了带状旋涡；进口含气率影响了叶片中段和后半段附近的流场，气相的加入使得流动情况更为复杂，叶片前缘有小涡形成，吸力面中段生成了羊角涡，压力面附近的旋涡结构发生分离，产生新的旋涡结构。

第5章 螺旋叶片式混输泵涡流时空演变及涡动力学特性

螺旋叶片式混输泵其叶顶间隙区域流态复杂，叶顶泄漏流、分离流和主流掺混形成了复杂的叶顶泄漏涡结构。特别地，输送气液两相介质时，气液两相之间的相互作用加剧了叶顶泄漏涡的复杂程度。但是目前还缺乏对叶顶泄漏涡非定常演变的系统研究，尚未揭示旋涡运动的内在机理。因此，本章主要对螺旋叶片式混输泵叶顶泄漏涡的运动轨迹和时空演变过程展开研究，进一步定量分析叶顶泄漏涡动力学特性，探究气相对叶顶泄漏涡时空演变与涡动力学的影响。

5.1 叶顶泄漏涡时空演变及涡动力学特性

5.1.1 叶顶泄漏涡流动形态

1. 叶顶泄漏涡运动轨迹

为了研究螺旋叶片式混输泵叶顶泄漏涡的三维结构，对螺旋叶片式混输泵进行定常计算。叶顶泄漏涡的定义采用 Q_c 准则（$Q_c = 1.5 \times 10^6 / s^{-2}$），$Q_c$ 准则定义为速度梯度张量 $Q_c = 1/2(\nabla \cdot u)^2 + tr(\nabla u)^2$（$u$ 为相对速度）的第二不变量。在叶顶泄漏涡运动轨迹上均匀设置 15 个截面，其轴向距离从叶片 A 压力面为起始至叶轮进口或叶片 B 吸力面为止，依次命名为 $S_1 \sim S_{15}$，并选取各个截面上旋涡强度最大点作为叶顶泄漏涡涡核，依次命名为 $A_1 \sim A_{15}$。纯水和含气率 10% 工况下叶顶泄漏涡旋涡强度的等值面和涡核运动轨迹分别如图 5.1 和图 5.2 所示，其中图 5.1（a）和图 5.2（a）是叶顶泄漏涡旋涡强度等值面，叶轮轮毂和轮缘附近存在的剪切层阻碍了对流道内部叶顶泄漏涡的观察，因此使用"Iso Clip"命令清除壁面剪切层，以清晰地展示叶轮流道内的旋涡结构。图 5.1（b）和图 5.2（b）是截面（$S_1 \sim S_{15}$）示意图和叶顶泄漏涡涡核运动轨迹（$A_1 \sim A_{15}$）。

由图 5.1（a）可知，纯水工况下，螺旋叶片式混输泵内的部分流体在叶片两端的压差作用下，经过叶顶间隙从压力面泄漏至吸力面，并与主流相互作用形成复杂的旋涡，主要划分为前缘涡、叶顶分离涡、次泄漏涡、主泄漏涡和尾缘涡。叶顶泄漏流在叶片前缘形成前缘涡，其旋涡尺度较小，旋涡形态较为紊乱。泄漏流在叶顶间隙内形成连续的带状分离涡，从叶片的前缘到后缘，分离涡的旋涡尺度逐渐增加。泄漏流流出叶顶间隙区域，形成连续的带状次泄漏涡。从叶片的前缘到后缘，次泄漏涡的旋涡尺度逐渐增加。叶片叶顶与泵体的相对运动与叶顶间隙前后的压差作用致使在叶片中部距前缘 1/4 处产生高速的泄漏流，泄漏流以壁面射流形式流入流道，与主流掺混产生主泄漏涡。主泄漏涡从叶片 A 吸力面向叶片 B 压力面运动。此外，泄漏流在叶片后缘同样形成旋涡，称为尾缘涡。

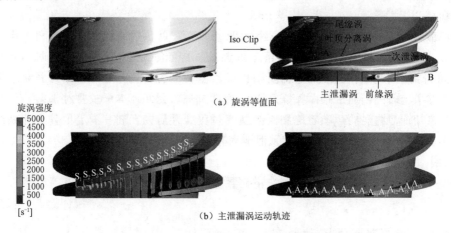

（a）旋涡等值面

（b）主泄漏涡运动轨迹

图 5.1　纯水工况下叶顶泄漏涡旋涡强度等值面和涡核运动轨迹

　　由图 5.2（a）可知，含气率 10％工况同样产生与纯水工况相似的叶顶泄漏涡结构。然而对比纯水工况，在含气率 10％工况下叶顶分离涡和次泄漏涡的旋涡尺度增大，并且从前缘到后缘，次泄漏涡逐渐发展为条状涡带。特别地，由于气相的存在，在含气率 10％工况下主泄漏涡起始点向前缘移动，并且主泄漏涡与叶片的夹角增大。在含气率 10％工况下主泄漏涡与次泄漏涡在叶片 B 前缘附近发生卷吸，这一现象增强了主泄漏涡的涡量和旋涡尺度。由图 5.1（b）和图 5.2（b）可知，纯水工况下主泄漏涡涡核运动轨迹呈现一条平滑的曲线。然而在含气率 10％工况下，从起始点 A_1 至 A_8，主泄漏涡运动轨迹曲线较为光滑，而从 A_8 至 A_{10} 主泄漏涡的运动轨迹突然向叶片 B 压力面偏折。这是因为主泄漏涡与次泄漏涡在 A_8 点交汇融合，改变了主泄漏涡的运动轨迹，而从 A_{11} 至 A_{15} 主泄漏涡的运动轨迹又恢复为平滑曲线。

　　为探究压力和速度沿叶轮径向方向上的分布规律，现定义一个无量纲参数，即径向系数 r^*。将叶轮轮毂到轮缘的距离进行归一化处理，轮毂位置为 0，轮缘位置为 1。为了更加清晰地研究叶顶泄漏流对主流流场的影响，分析螺旋叶片式混输泵叶轮内的压力分布和速度分布。由于叶顶间隙位于轮缘附近，产生的泄漏流对轮缘附近的流场影响较大，所以对三个圆周截面（$r^*=0.7$，$r^*=0.8$，$r^*=0.9$）进行分析，如图 5.3 所示。由图 5.3（a）可知，由于叶顶间隙的存在，

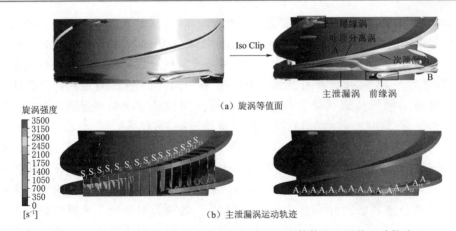

图 5.2　含气率 10%工况下叶顶泄漏涡旋涡强度等值面和涡核运动轨迹

叶顶泄漏流从叶片吸力面高速射出，干扰主流压力分布，使得压力场等压线发生偏折。随着 r^* 的增加，等压线的形状越来越趋向于叶顶泄漏涡的运动轨迹（椭圆形标记区域）。由图 5.3（b）可知，叶顶泄漏流与主流的流动方向正好相反，对主流流场产生阻碍作用，降低了主流的速度，出现较大的速度梯度。随着 r^* 增加，叶顶泄漏涡对主流流速的阻碍效果越来越明显。在 $r^*=0.9$ 形成明显的低速区，速度下降至 20m/s 以下。此时可以清晰地辨别出叶顶泄漏运动轨迹（椭圆形标记区域），其从叶片 A 吸力面运动至叶片 B 前缘，然后继续沿叶片 B 压力面运动。而且对比纯水工况，在含气率 10%工况下叶轮的等压线偏折点更靠近叶片前缘，且低速区范围更大。因此，叶顶泄漏涡对轮缘附近的压力和速度分布影响较大，扰乱主流压力分布，降低了主流速度。同时，气相的存在会改变压力场的分布，扩大低速区的范围。

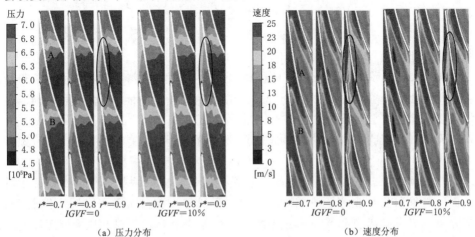

（a）压力分布　　　　　　　　　　　　　　　（b）速度分布

图 5.3　叶轮内压力和速度

2. "射流-尾迹"流型

由于叶顶泄漏流从叶顶间隙区域高速射出，出现"射流-尾迹"流型，在一定程度上会影响流道内的流动形态。为了直观地展示叶顶间隙区的流态特性，将截面（S_1、S_3、S_5、S_7、S_9、S_{11}、S_{13}、S_{15}）划分为 C 区和 D 区，如图 5.4 所示。截面 C 区域上速度矢量和压力和截面 D 区域上涡量和速度流线分别如图 5.5 和图 5.6 所示。

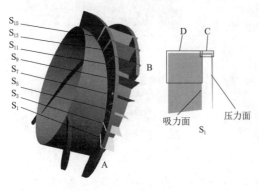

图 5.4　截面示意图

由图 5.5 可知，叶顶泄漏流在压差作用下流入叶顶间隙，在叶顶间隙进口附近形成分离涡，导致叶顶间隙进口产生低压区和低速区。在纯水工况下，从截面 S_1～截面 S_9，泄漏流流速逐渐增大，因此在叶顶间隙内产生的低压区和低速区的范围相应地扩大。在截面 S_9 泄漏流流速增大，导致分离涡尺度增大，所以低压区范围扩

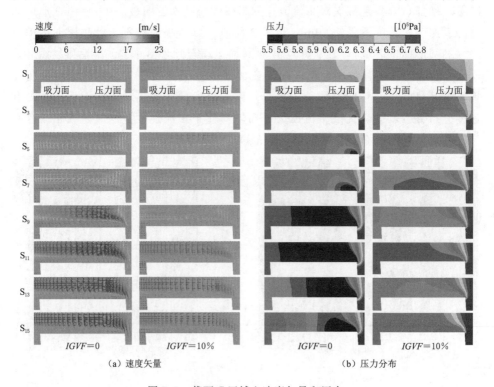

（a）速度矢量　　　　　　　　　　　　（b）压力分布

图 5.5　截面 C 区域上速度矢量和压力

大，低速区范围也扩大并延伸至叶顶间隙出口。在截面 S_{11} 泄漏流流速达到最大值，此时低压区和低速区范围都达到最大值，而且分离涡占据流道 50%。从截面 S_{11}～截面 S_{15}，泄漏流流速不断减小，低压区范围相应地减小。对比纯水工况，含气率 10% 工况下的速度矢量和压力分布存在相同的规律。不同的是，由于气相的影响，在含气率 10% 工况下叶片前后压差减小，故泄漏流流速变小，然而分离涡尺度却增大，在截面 S_7 叶顶分离涡已贯穿整个流道。同时从截面 S_7～截面 S_{15}，发现叶顶间隙内产生了明显的回流现象，进一步增大了分离涡尺度和涡量。结合图 5.3（a）知，从截面 S_1～截面 S_{11}，叶顶间隙前后压差逐渐增大，导致泄漏流流速增加；相反的，从截面 S_{13}～截面 S_{15}，叶顶间隙前后压差逐渐减小，导致泄漏流流速减小。

由图 5.6 可知，纯水工况下高速射流产生的尾迹在截面 S_1 形成明显的旋涡结构，此时旋涡涡量最大，但是旋涡涡心的速度较低，这正是主泄漏涡的初次产生。从截面 S_3～截面 S_{11} 泄漏流尾迹涡量逐渐增大，主泄漏涡涡量逐渐减小，但旋涡尺度却增大，并且主泄漏涡逐渐向叶片 B 压力面运动。同时壁面诱导涡涡量沿着主泄漏涡的运动轨迹也逐渐增大。在截面 S_{11} 泄漏流流速最高，所以尾迹涡量最大；主泄漏涡涡量持续减小，且旋涡尺度持续增大，同时主泄漏涡运动至叶片 B 压力面。此时因为受到主泄漏涡卷吸和叶片 B 叶顶间隙流吸附的双重作用，诱导涡脱离壁面，形成细长的旋涡结构并依附在主泄漏涡周围。随着泄漏流流速减小，截面 S_{13}～截面 S_{15} 尾迹涡量开始减小，主泄漏涡逐渐向轮毂侧运动。对比纯水工况，含气率 10% 工况下的涡量和流线分布存在相同的规律。但是由于气相的影响，在含气率 10% 工况下主泄漏涡尺度更大，其涡量却较小。特别地，随着泄漏流流速减小，截面 S_{13}～截面 S_{15} 尾迹涡量没有减小，而是形成贯穿流道的狭长尾迹结构。此外，由于主泄漏涡的诱导作用，截面 S_{13} 主泄漏涡靠近轮毂侧的流线发生弯曲，表明此处出现了尺度较小的旋涡。还发现各个截面上主泄漏涡涡心涡量最大，并且以涡核为中心，沿着径向方向涡量逐渐降低，然而流速的规律正好相反。综上所述，因叶顶间隙的存在，在螺旋叶片式混输泵运行时产生高速泄漏流，形成了"射流-尾迹"流型。而气相增大了叶顶间隙内分离涡尺度，扩大了低压区范围。同时气相改变了"尾迹"形状，增大了主泄漏涡尺度。

5.1.2　叶顶泄漏涡时空演变

1. 二维时空演变

5.1.1 展示了叶顶泄漏涡的运动轨迹，分析了沿叶顶泄漏涡运动轨迹上各个截面的涡量、压力和速度分布规律。为了进一步研究叶顶泄漏涡时空演变规律，对螺旋叶片式混输泵进行非定常计算。首先从平面的角度研究叶顶泄漏涡的非

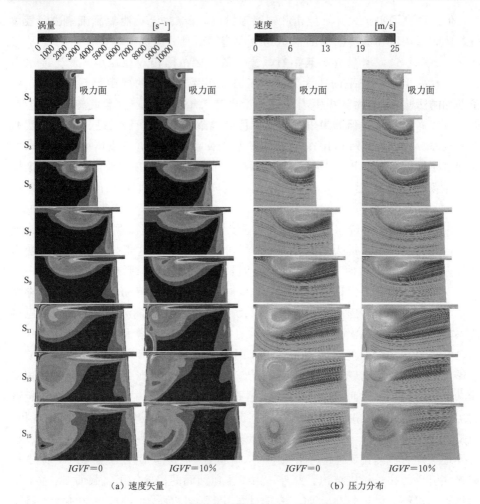

（a）速度矢量　　　　　　　　　　　（b）压力分布

图 5.6　截面 D 区域上涡量和速度流线

定常发展规律，在叶轮叶片 A 前缘建立一个轴面，固定此轴面绝对静止，如图 5.7 所示。叶轮从 T_0 时刻旋转至 $[T_0+8/15T]$ 时刻，即叶片 A 从前缘进入轴面直至后缘通过轴面所需的时间。轴面上 E 区域记录了 $[T_0$，$T_0+8/15T]$ 内瞬态涡量和流线，如图 5.8 和图 5.9 所示。图 5.8 和 5.9 分别描述了纯水工况和含气率 10％工况叶片 A 产生的叶顶泄漏涡二维演变过程。

由图 5.8 可知，纯水工况下叶顶泄漏涡的二维演变过程划分为三个阶段：初生阶段、发展阶段和耗散阶段。① $[T_0$，$T_0+2/15T]$ 为初生阶段。在 T_0 时刻，叶顶间隙的流体正向流动，并且在间隙进口产生分离涡，在出口产生旋涡。这样的现象可以解释为叶轮进口流体具有一定的初速度，并且叶片前缘的前后压差较小，所以流体发生正向流动。在 $T_0+1/15T$ 时刻，叶片前后压差增大，

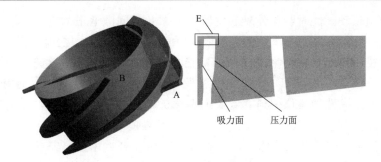

图 5.7 叶轮轴面示意图

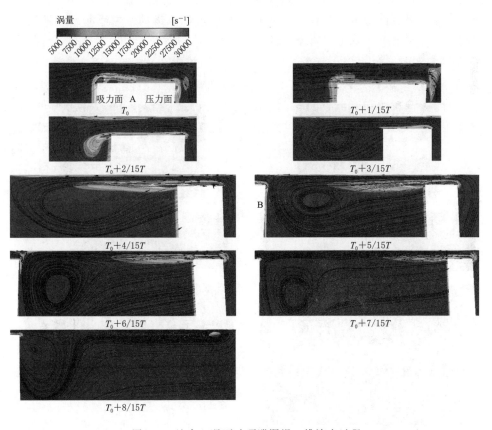

图 5.8 纯水工况下叶顶泄漏涡二维演变过程

流体虽然也是由叶片吸力面通过叶顶间隙流向压力面，但是叶顶分离涡涡量减小，在间隙出口的旋涡消失，表明叶片前后压差对叶顶间隙区域流体流动的阻碍作用逐渐增强。在 $T_0+2/15T$ 时刻，随着叶片前后压差逐渐增大，主泄漏涡初次产生。此时主泄漏涡和叶顶分离涡旋涡尺度最小。② $[T_0+3/15T,$ $T_0+6/15T]$ 为发展阶段。在 $T_0+3/15T$，主泄漏涡脱离叶片 A 吸力面，向叶片 B 压力面运动，此时叶顶分离涡发展并占据叶顶间隙通道的 1/3。在 $T_0+4/15T$ 时刻，叶顶分离涡逐渐发展并占据叶顶间隙通道的 2/3，次泄漏涡开始出现并逐渐发展。叶轮旋转至 $T_0+5/15T$ 时刻时，叶片 B 前缘首次进入轴面。在 $[T_0+5/15T，T_0+6/15T]$ 时刻，主泄漏涡逐渐运动至叶片 B 压力面附近，经过叶片 B 叶顶间隙的流体受到主泄漏涡的卷吸。③ $[T_0+7/15T，T_0+8/15T]$ 为耗散阶段。在 $T_0+7/15T$ 时刻，由于叶片轮缘前后压差减小，叶顶分离涡和次泄漏涡涡量相应地减小。此外，叶片 B 前后压差开始增强，经过叶片 A 叶顶间隙的泄漏流沿着轮缘直接进入了叶片 B 叶顶间隙。在 $T_0+8/15T$ 时刻，叶片 A 已完全穿过轴面，产生的后缘涡尺度逐渐增大，直至耗散。同时，主泄漏涡受到叶片 B 叶顶间隙的吸附作用，向叶片 B 叶顶间隙运动，主泄漏涡的旋涡逐渐被吸入叶片 B 叶顶间隙，直至全部耗散。

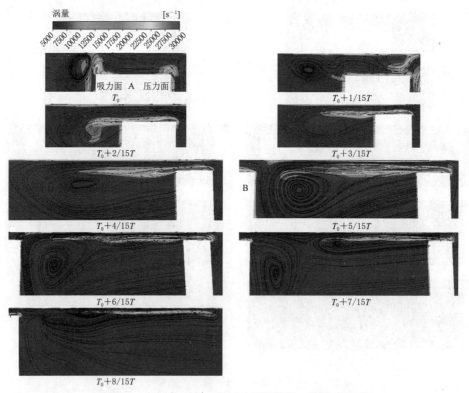

图 5.9　含气率 10％工况下叶顶泄漏涡二维演变过程

由图 5.9 可知，含气率 10％工况下叶顶泄漏涡的二维演变过程同样划分为三个阶段：初生阶段、发展阶段和耗散阶段。① $[T_0，T_0+2/15T]$ 为初生阶段。在 T_0 时刻，叶顶泄漏流从叶片吸力面通过叶顶间隙流向压力面，并且在间隙进口产生分离涡，在出口产生旋涡。但是在叶片吸力面形成较大的旋涡，阻碍流体进入叶顶间隙。在 $T_0+1/15T$ 时刻，叶片前后压差增大，流体从叶片压力面流向吸力面，并在叶顶间隙进口上方形成较大的旋涡，占据叶顶间隙径向长度的 $1/2$，且叶片吸力面的旋涡被叶顶泄漏流冲击远离叶片吸力面。在 $T_0+2/15T$ 时刻，随着叶片前后压差逐渐增大，主泄漏涡初次产生。② $[T_0+3/15T，T_0+6/15T]$ 为发展阶段。在 $T_0+3/15T$，主泄漏涡脱离叶片 A 吸力面，向叶片 B 压力面运动。此时叶顶分离涡发展并占据整个叶顶间隙。在 $T_0+6/15T$，主泄漏涡运动至 B 压力面，且在尾迹区域产生了较小的旋涡结构。此时在叶片 B 压力面上形成较大的旋涡结构，阻碍了泄漏流通过。③ $[T_0+7/15T，T_0+8/15T]$ 为耗散阶段。主泄漏涡和后缘涡受到叶片 B 叶顶间隙的吸附作用，向叶片 B 叶顶间隙运动，旋涡逐渐被吸入叶片 B 叶顶间隙，直至全部耗散。

综上所述，研究了叶顶泄漏涡二维演变过程，主要细分为初生阶段、发展阶段和耗散阶段，阐述了每个阶段叶顶泄漏涡结构的发展规律。同时将纯水与含气率 10％工况进行对比，发现纯水工况的涡结构尺度小，形状为圆形，流线均匀且光滑。然而含气率 10％工况的叶顶泄漏涡尺度增大，形状为椭圆形。由于气相与液相的物理属性不同，当液相裹挟气相经过叶顶间隙时，在叶片吸力面和压力面都产生旋涡，流线更加紊乱，其扰乱流体的正常流动形态，进而增加叶轮内的水力损失。

2. 三维时空演变

以 Q_c 准则（$Q_c=1.5×10^6 \text{ s}^{-2}$）分别展示了纯水和含气率 10％工况在叶轮一个旋转周期内叶顶泄漏涡的三维演变过程分别如图 5.10 和 5.11 所示。

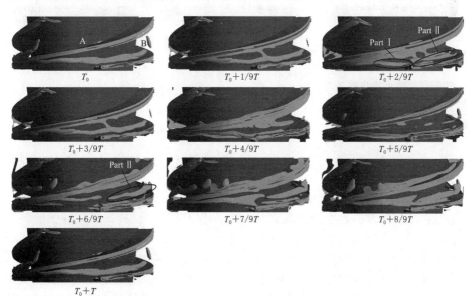

图 5.10　纯水工况下叶顶泄漏涡三维演变过程

　　由图 5.10 可知，纯水工况下叶顶泄漏涡的时空演变过程划分为三个阶段：分裂阶段、收缩阶段和合并阶段。① $[T_0，T_0+2/9T]$ 为分裂阶段，主泄漏涡与次泄漏涡发生卷吸，并逐渐运动至叶片 B 前缘。由于叶片 B 前缘的"切割"作用，主泄漏涡发生分裂，分裂为 Part Ⅰ 和 Part Ⅱ。Part Ⅰ 紧贴着叶片 B 压力面，而 Part Ⅱ 在流动过程中逐渐耗散。② $[T_0+3/9T，T_0+5/9T]$ 为收缩阶段，主泄漏涡逐渐向叶轮进口侧和轮缘侧运动，由于受到剪切层的影响，主泄漏涡被拉伸并趋于扁平，并且体积逐渐缩小。③ $[T_0+6/9T，T_0+T]$ 为合并阶段，Part Ⅰ 逐渐向轮毂侧运动，耗散的 Part Ⅱ 逐渐发展并与 Part Ⅰ 合并，发展为一条完整的叶顶泄漏涡。此外，次泄漏涡的时空演变过程同样存在类似规律。在分裂阶段，次泄漏涡不断发展，从主泄漏涡中脱离，旋涡逐渐被拉伸，呈现连续的带状结构。在收缩阶段，次泄漏涡同样受到剪切层的影响，形状趋于扁平，旋涡尺度逐渐收缩至几乎完全消失。在合并阶段，次泄漏涡尺度呈现逐渐减小的规律。因此，主泄漏涡与次泄漏涡时空演化过程密切关联。

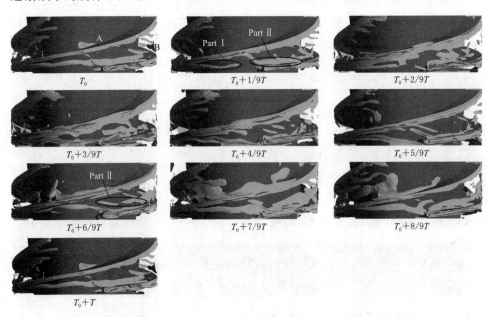

图 5.11　含气率 10％工况下叶顶泄漏涡三维演变过程

　　由图 5.11 可知，含气率 10％工况下，叶顶泄漏涡的发展过程同样划分为三个阶段：分裂阶段、收缩阶段和合并阶段。① $[T_0，T_0+2/9T]$ 为分裂阶段，气相增强了次泄漏涡的旋涡尺度，导致主泄漏涡与次泄漏涡卷吸的位置更靠近叶片前缘。此时主泄漏涡分裂为 Part Ⅰ 和 Part Ⅱ，所以气相加快了主泄漏涡的分裂。② $[T_0+3/9T，T_0+5/9T]$ 为收缩阶段，主泄漏涡不断收缩并逐渐向叶轮进口运动，甚至在叶片 B 前缘附近完全被吸入叶轮进口。③ $[T_0+6/9T，$

T_0+T]为合并阶段，Part Ⅰ逐渐向轮毂侧运动，耗散的 Part Ⅱ逐渐发展并与 Part Ⅰ合并，发展为一条完整的叶顶泄漏涡。

综上所述，分析了叶顶泄漏涡的三维结构时空演变规律，主要包括分裂阶段、收缩阶段和合并阶段。同时将纯水与含气率10％工况进行对比，发现纯水工况下叶轮内的叶顶泄漏涡结构清晰，旋涡尺度较小。然而含气率10％工况下叶顶泄漏涡尺度较大，旋涡结构紊乱。特别地，次泄漏涡呈现条状涡带，且在叶轮流道内分布了分散的旋涡。这一现象表明气相增强了叶顶泄漏涡的尺度，改变了次泄漏涡的形态，因此气相对次泄漏涡的时空演变影响最大。

5.1.3　叶顶泄漏涡动力学特性

1. 相对涡量输运方程

为进一步深入分析叶顶泄漏涡时空演变的内在机理，特引入相对涡量输运方程，这种方法在研究叶顶间隙泄漏涡的动力来源上的可靠性和准确性已在文献［94-96］中证实。

对 N-S 方程的两边取旋度运算，即可得到黏性可压缩流体的涡量动力学方程为

$$\frac{D\Omega}{Dt}=(\Omega \cdot \nabla)u-\Omega(\nabla \cdot u)-2\nabla \times (\omega \times u)+\frac{\nabla \rho_m \times \nabla p}{\rho_m^2}+v\nabla^2\Omega \quad (5.1)$$

式中：Ω 为相对涡量；ω 为旋转角速度；ρ_m 为密度；u 为相对速度；v 为运动黏度。$\frac{D\Omega}{Dt}$ 为涡量的变化速率；$(\Omega \cdot \nabla)u$ 为旋涡拉伸项（RVS），表示由于流场的速度梯度引起涡线的伸缩和弯曲，从而使涡量的大小和方向都发生改变。拉伸使涡管变细，涡量相应增大，弯曲使涡量的方向发生变化；$\Omega(\nabla \cdot u)$ 为流体微团的体积变化引起涡量大小发生变化；$2\nabla \times (\omega \times u)$ 为旋转参考系中科氏力（CORF）引起涡量的变化；$\frac{\nabla \rho_m \times \nabla p}{\rho_m^2}$ 为斜压流体的密度变化引起的涡量变化；$v\nabla^2\Omega$ 为涡量的黏性扩散效应（VISD）。

2. 运动轨迹上涡动力学分析

为了研究相对涡量输运方程的各项变化对叶顶泄漏涡的影响规律，对旋涡拉伸项、科氏力和黏性耗散项在叶顶泄漏涡运动轨迹截面上的分布进行分析。旋涡拉伸项、科氏力和黏性耗散项在截面（S_1、S_3、S_5、S_7、S_9、S_{11}、S_{13}、S_{15}）上分布如图 5.12 所示。

由图 5.12（a）可知，从截面 S_1～截面 S_{15}，旋涡拉伸项在截面 S_1 主泄漏涡附近的值最大，沿着主泄漏涡的运动轨迹，旋涡拉伸项在主泄漏涡附近的值逐渐减少，只有截面 S_{11} 略有增加。同时还发现旋涡拉伸项在主泄漏涡心的值较

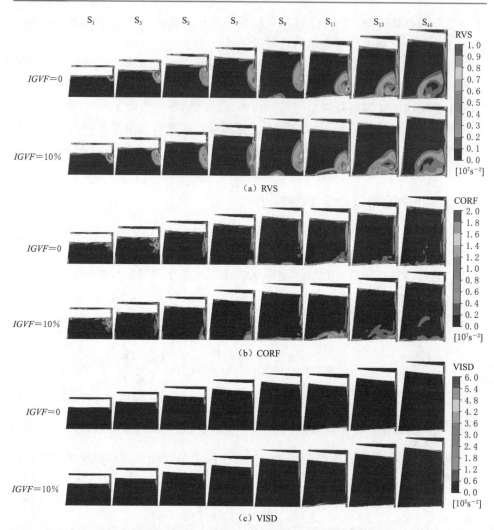

图 5.12　旋涡拉伸项、科氏力和黏性耗散项在截面上分布

小，以涡心为圆心且沿着径向方向其值越来越大。此外，旋涡拉伸项在次泄漏涡和叶顶分离涡附近的值较大，且其值沿着主泄漏涡的运动轨迹变化幅度不大。因此，旋涡拉伸项对主泄漏涡的初生和演变具有重要的驱动作用。由图 5.12（b）可知，从截面 S_1 到截面 S_{15}，科氏力在次泄漏涡和叶顶分离涡附近的值最大，随着主泄漏涡的运动，科氏力在次泄漏涡和叶顶分离涡附近呈现先增大后减小的趋势。然而，科氏力在主泄漏涡附近的值较小。因此，科氏力对次泄漏涡和叶顶分离涡的产生和演变具有重要的驱动作用。由图 5.12（c）可知，从截面 S_1 到截面 S_{15}，黏性耗散项仅仅分布在叶顶间隙区域且变化幅度不大，因为黏性耗散项与流体的黏性有关。因此，黏性耗散项对次泄漏涡和叶顶分离涡

的产生具有一定的驱动作用。特别地，从截面 S_9 到截面 S_{15}，在含气率 10％工况下，旋涡拉伸项、科氏力和黏性耗散项的分布形态较纯水工况更为狭长，甚至在截面 S_{13} 贯穿整个流道。这一现象表明气相会改变旋涡拉伸项、科氏力和黏性耗散项在截面上的分布，进一步影响叶顶泄漏涡的运动轨迹和形态。

主泄漏涡心的涡量、旋涡拉伸项、科氏力和黏性耗散项的变化曲线如图 5.13 所示，揭示了涡量与旋涡拉伸项、科氏力和黏性耗散项内在联系。由图 5.13 可知，沿着主泄漏涡运动轨迹，主泄漏涡涡心涡量（$A_1 \sim A_{15}$）呈现下降趋势，且在 $A_1 \sim A_3$ 下降幅度最大，仅在相邻叶片的前缘附近（$A_8 \sim A_{12}$）有小幅度的增加。涡量的变化趋势可以解释为旋涡拉伸项、科氏力和黏性耗散项三者的共同驱动作用。旋涡拉伸项、科氏力和黏性耗散项在 A_1 最大，对应着涡量在 A_1 最大。旋涡拉伸项、科氏力和黏性耗散项在 $A_1 \sim A_3$ 大幅度降低，导致涡量出现大幅度降低。旋涡拉伸项和科氏力在 $A_8 \sim A_{12}$ 的振荡变化，共同驱使涡量小幅度增加。

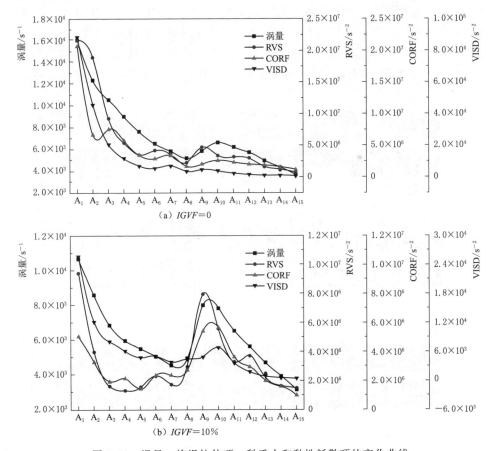

图 5.13　涡量、旋涡拉伸项、科氏力和黏性耗散项的变化曲线

因此，旋涡拉伸项、科氏力和黏性耗散项对于主泄漏涡涡心涡量的变化具有较大的驱动作用。此外，旋涡拉伸项和科氏力在主泄漏涡涡心轨迹上的值都较高，因此旋涡拉伸项和科氏力始终对主泄漏的涡量变化保持着很强的驱动作用。由于黏性耗散项在 $A_1 \sim A_3$ 较大，但是在 $A_4 \sim A_{15}$ 迅速减弱，表明黏性耗散项仅对主泄漏涡初期具有较强的驱动力。对比纯水工况，发现气相的存在降低了旋涡拉伸项、科氏力和黏性耗散项在 A_1 的值，却增加了旋涡拉伸项、科氏力和黏性耗散项在 $A_8 \sim A_{12}$ 的值，这是由气相与液相的物理属性决定的。

3. 时空演变中涡动力学分析

为了研究叶顶泄漏涡时空演变过程中的驱动力，对螺旋叶片式混输泵进行非定常计算，研究在叶轮一个旋转周期内的 5 个时刻（即 $T_0+1/9T$，$T_0+3/9T$，$T_0+5/9T$，$T_0+7/9T$，T_0+T）的旋涡拉伸项、科氏力和黏性耗散项在旋涡强度等值面上分布，如图 5.14 所示。由图 5.14（a）可知，旋涡拉伸项表示流场的速度梯度引起旋涡的伸缩和弯曲，主要作用于主泄漏涡、次泄漏涡和叶顶分离涡。旋涡拉伸项在主泄漏涡的起始点的值较高，驱动旋涡脱离叶片吸力面，从而产生主泄漏涡。旋涡拉伸项在相邻叶片压力面附近的值较高，驱使主泄漏涡的涡量和运动轨迹发生改变。同时，旋涡拉伸项在主泄漏涡上的分布不同，改变了主泄

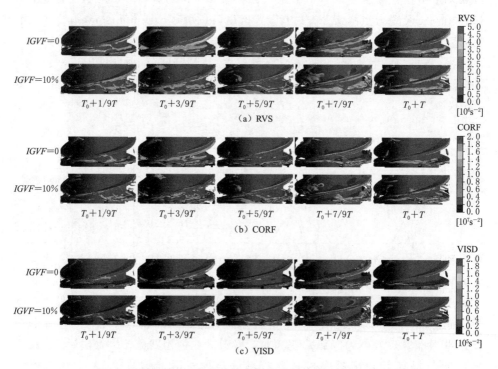

图 5.14　旋涡拉伸项、科氏力和黏性耗散项在旋涡强度等值面上分布

漏涡形状和涡量，揭示了旋涡拉伸项对主泄漏涡的时空演变具有重要的驱动作用。由图 5.14（b）可知，CORF 是旋转参考系中科氏力，主要作用于叶顶分离涡和次泄漏涡。在叶轮一个旋转周期内，科氏力驱动了次泄漏涡涡量和运动轨迹发生改变，促使次泄漏涡与主泄漏涡的相互作用。同时科氏力在主泄漏涡初始点值较高，说明主泄漏涡的产生与科氏力有关。表明科氏力是次泄漏涡时空演变的重要驱动力。由图 5.14（c）可知，在叶轮一个旋转周期内，黏性耗散项主要分布在叶顶间隙附近，因为黏性耗散项由流体的黏性引起的。

　　综上所述，旋涡拉伸项、科氏力和黏性耗散项控制了叶顶泄漏涡的时空演变，是旋涡涡量和运动轨迹改变的动力来源。气相改变了旋涡拉伸项、科氏力和黏性耗散项在叶顶泄漏涡旋涡强度的等值面上分布，进一步影响叶顶泄漏涡的时空演变过程。

5.2　叶轮主流道内旋涡运动规律

5.2.1　叶轮通道内涡核的运动轨迹

　　为了分析螺旋叶片式混输泵叶轮通道内旋涡的运动规律，通过跟随涡核在流道内的移动轨迹来研究旋涡的运动过程，由于叶轮流道中的旋涡结构数量繁多，不同尺度大小的涡分散在各个位置，因此本章在提取涡核的运动轨迹时，剔除了尺度很小，结构破碎的旋涡，例如叶片前缘上的涡，主要研究结构清晰完整、旋涡区域面积大的涡。在一个叶轮通道中截取了 8 个截面，截面 1～截面 3 主要观察压力面上的旋涡结构，截面 4 和截面 5 是叶片尾缘的旋涡结构，截面 6～截面 8 研究吸力面上分离的旋涡结构，如图 5.15 所示。涡核提取方法为剔除壁面边界层的高涡量区，选择截面上涡量最大值点来近似代替涡核中心，连接通道内的涡核中心并画出速度矢量线，速度矢量线的指向大致与旋涡结构的运动轨迹重合。

　　旋涡结构的三维视图与截面涡量分布如图 5.16 所示，涡核的空间运动轨迹如图 5.17 所示，为区分三个位置处旋涡的运动轨迹，涡核中心使用了不同颜色。由图 5.16 可知，叶片吸力面上旋涡的起点位于吸力面后半段，叶片表面处于湍流流动中，边界层分离导致了旋涡的生成，旋涡形成后沿着叶片表面向出口流动，其运动轨迹见图 5.17，旋涡沿着叶片骨线向尾缘移动，在运动过程中逐渐远离轮毂靠近轮缘。在叶片尾缘靠近叶轮室的区域，同一叶片的压力面和吸力面上的流体在尾缘经过短暂的汇聚后又朝着不同方向流动，旋涡在尾迹区生成。在图 5.17 中涡核出现了两个运动轨迹，一个跟随主流流出叶轮，另一个被动静交接处的回流干扰流回叶轮。叶片压力面上旋涡发源于叶轮室的内

截面1　　截面2　　截面3　　截面4　　截面5　　截面6　　截面7　截面8

图 5.15　螺旋叶片式混输泵叶轮内部流道

壁面处，由于流体的进口入射角与叶片进口安放角有一定的差异，进口区域流场中各点的速度分布不均匀导致流动不稳定，进入叶轮通道后，流体在叶片的高速旋转下大量聚集在叶轮室附近，叶片表面的边界层发生了流动分离导致旋涡生成。运动轨迹见图 5.17，旋涡跟随叶轮通道中的主流向叶轮出口流动，在移动的过程中逐渐远离叶轮室而靠近轮毂，同时脱离叶片表面向流道中心发展。

图 5.16　旋涡结构的三维视图与截面涡量分布

　　除此之外，叶轮通道中许多尺度较小、结构散碎的旋涡无法提取其运行轨迹，它们或是大涡破碎后的结构，或是从壁面脱落的碎屑，这些旋涡基本上是一生成就迅速消散，总的来说，流道内各处位置的流动状况不同，分别存在不同大小的影响范围，并未出现可以一直延伸整个通道的旋涡结构。经过以上分析，螺旋叶片式混输泵叶轮流道内旋涡结构的运动轨迹反映了不同位置的流动

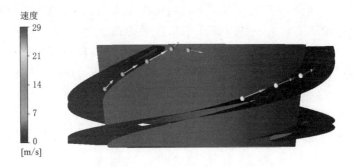

图 5.17 涡核的空间运动轨迹

状态，即使通道内都处于三维湍流之中，也会受旋转机械内部流道的构造、压力面和吸力面之间的压差、叶轮旋转的作用力影响，进而形成了差异明显的旋涡结构。

5.2.2 叶轮通道内旋涡结构的时空演变

在气液两相工况下叶轮通道出口旋涡结构的生成因素主要是压力面与吸力面上的流动介质在叶片尾缘的交汇以及气团形成时的卷吸作用，为了深入分析叶轮通道涡流的非定常特性和演变情况，选择了不同时间步长下螺旋叶片式混输泵叶轮在相同旋涡强度等值面（$Q = 0.97 \times 10^5 \, \text{s}^{-2}$）的情况作为展示，如图5.18 所示。

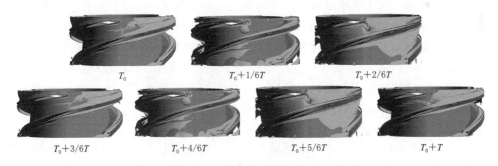

图 5.18 叶轮通道内旋涡结构的时空演变特性

由图 5.18 可以看出，旋涡结构在一个周期内经历了两次相似的发展过程，在 $T_0 \sim T_0 + 2/6T$ 阶段，叶片进口区域的旋涡结构向叶片吸力面收缩，叶片前缘的旋涡结构卷吸了通道中细小散碎的旋涡结构，在压力面上形成了一个大尺度的旋涡结构，然后慢慢扩散并汇入大面积的旋涡区域中；压力面前段和中间段分别发生了流动分离，产生了两部分的旋涡，紧接着这两部分旋涡结构开始聚拢合并，在下游区域膨胀然后破裂，形成一片旋涡区域；吸力面上的旋涡结构则是分裂成两部分，其中一部分旋涡结构往压力面发展，旋涡结构开始膨胀占据了整个叶轮通道，另一部分旋涡结构在吸力面上继续向叶轮出口流动，旋涡结构的尺度逐渐变大。$T_0 + 2/6T \sim T_0 + 5/6T$ 的阶段重复之前的演变过程，在 $T_0 + T$ 阶段叶轮通道中大面积扩张的旋涡结构又开始收缩，恢复到 T_0 时刻的状态。

5.3 运行参数对叶轮主流道内旋涡结构的影响

5.3.1 转速对叶轮主流道内旋涡结构的影响

1. 速度与压力分布

为了研究转速对叶轮主流道内旋涡结构产生的影响，选取三个转速工况（$n = 2400\text{r/min}$、$n = 3000\text{r/min}$、$n = 3600\text{r/min}$）进行分析。在这一章中，仅仅讨论转速这一个变量，螺旋叶片式混输泵的其他参数都按照设计模型的额定参数设置，同理，在5.3.2节讨论体积流量和5.3.3节讨论进口含气率时都是如此设置。此外，为便于观察不同变量沿叶轮径向的分布情况，进而分析旋涡结构的变化趋势，引入了一个无量纲值 r^*，沿径向方向将叶轮轮毂到叶轮室的距离进行归一化。$r^* = 0.1$、$r^* = 0.5$ 和 $r^* = 0.9$ 分别表示叶轮轮毂区域、叶轮中部区域和叶轮轮缘区域。

不同转速工况下叶轮沿周向截面的速度分布情况如图5.19所示。由图可以看出，转速对于主流道内的流速影响比较明显，随着叶轮转速升高叶轮进口的高速区逐渐增加，同时，从叶轮轮毂到叶轮室高速区也逐渐增加。在叶轮转速 $n = 2400\text{r/min}$ 工况下，高速区主要出现在叶片压力面进口，在径向系数 $r^* = 0.5$ 处速度梯度沿轴向扩张，而径向系数 $r^* = 0.9$ 处高速区域沿周向扩张；在叶轮转速 $n = 3000\text{r/min}$ 工况下，轮缘位置叶轮出口吸力面上出现小面积低速区域，叶轮进口的高速区比转速 $n = 2400\text{r/min}$ 时扩大了很多；在叶轮转速 $n = 3600\text{r/min}$ 工况下，高速区占据了整个叶轮的进口区域，尤其是轮毂位置的流速迅速增加。径向系数 $r^* = 0.9$ 处叶片吸力面和压力面都出现低速区域。可见，叶轮转速对叶轮进口的流速影响较大，当改变转速时，叶轮进口的高速中心会随之转移。

不同转速工况下叶轮周向截面的压力分布情况如图5.20所示。由图5.20可以看出，不同转速对于叶轮主流道的压力分布影响比较明显，特别是在高转速时，从低转速到高转速的过程中，叶轮进口的压力区域依次减小，低压区的压力梯度近乎下降了一个等级。同时，伴随着转速的提高叶轮进出口的压差增大，这种现象意味着叶轮的增压能力有所提升，但压差的增大也代表叶轮通道的流

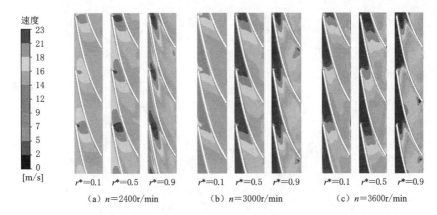

图 5.19　不同转速工况下叶轮周向截面的速度分布

场变得更加复杂。除此之外，叶轮出口区域与导叶交接处出现了小面积的高压区，且随转速的增加而扩大，这是受到了叶轮与导叶的动静干涉影响，后文会对动静干涉进行更加深入的研究。

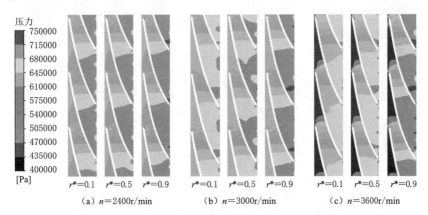

图 5.20　不同转速工况下叶轮周向截面的压力分布

　　不同转速工况下叶轮叶片压力面和吸力面截面的压力分布情况如图 5.21 所示，通过前面对叶轮周向截面的分析，得出了关于叶轮沿旋转方向上的压力分布情况的结论，但是旋涡结构的变化是三维的，还需要通过从轴向上观察叶片表面的压力变化才能得到更精确详细的结果。

　　由图 5.21 可知，低转速工况下压力面的变化比较平稳，当转速升高后，靠近壁面的位置高压力区域开始扩大直到占据大部分轮缘区域，压力等值线也随之偏移，这是由于壁面边界层的流动分离引起的，流动分离区域更容易产生旋涡结构。而吸力面的压力分布就显得极为不规律，低转速时压力先减小后增加，高转速时吸力面前半部分直接出现了大面积的低压区。

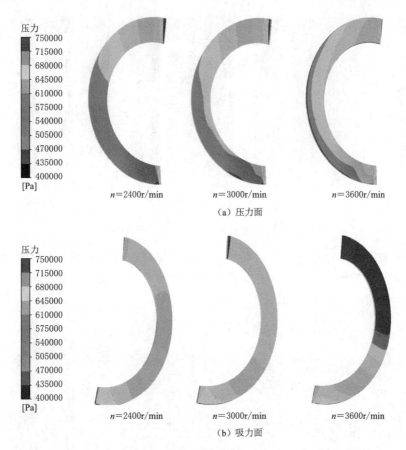

（a）压力面

（b）吸力面

图 5.21　不同转速工况下叶轮叶片压力面和吸力面截面的压力分布

2. 涡量分布云图与曲线

　　为了探究不同转速下涡量分布的情况，三个转速工况的涡量云图，如图 5.22 所示。从图 5.22 中可以观察到，低转速工况 $n=2400\mathrm{r/min}$ 下涡量大于 $3000\mathrm{s}^{-1}$ 的区域几乎没有，但是从涡量梯度分布的情况来看，涡量发展的趋势为沿压力面和吸力面向流道中心聚集。高转速工况 $n=3600\mathrm{r/min}$ 下，径向系数 $r^*=0.1$ 处涡量大于 $3000\mathrm{s}^{-1}$ 的区域出现在压力面更靠前的位置，说明转速的升高进一步扰乱了流场，促使叶片表面上的旋涡脱落速度加快。而径向系数 $r^*=0.9$ 处涡量大于 $3000\mathrm{s}^{-1}$ 的区域有显著的分离，向着吸力面和压力面扩散，因此在叶轮通道中的旋涡尺度更大。对比三个工况可以发现转速的提高对流场内部的影响较大，增多了高涡量区域，诱发了叶轮入口和出口处的旋涡产生。

　　通过周向的涡量云图可以直观地观察到流场的变化趋势，而使用曲线图则能够量化不同工况之间的涡度值分布情况。三个转速工况下叶轮区域沿周向的

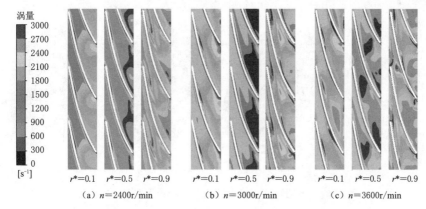

涡量
3000
2700
2400
2100
1800
1500
1200
900
600
300
0
[s⁻¹]

$r*$=0.1 $r*$=0.5 $r*$=0.9 $r*$=0.1 $r*$=0.5 $r*$=0.9 $r*$=0.1 $r*$=0.5 $r*$=0.9
（a）n=2400r/min　（b）n=3000r/min　（c）n=3600r/min

图5.22　不同转速下叶轮沿周向的涡量分布

涡量值变化曲线如图5.23所示，从叶轮通道前半段的涡量值分布曲线呈梯度变化，低转速和高转速工况下叶轮通道中的涡度值更大，而整个叶轮通道的下半段涡度值变化曲线的数值相差不大。整体上看，叶轮进口区域涡量值达到峰值，此处的流场受转速影响最为明显，而 $n=3000$r/min 的工况在三个转速工况中的涡度值最小，流动更为稳定，湍流区域

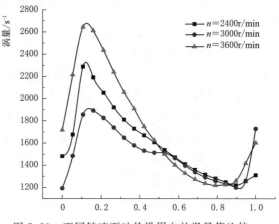

图5.23　不同转速下叶轮沿周向的涡量值比较

产生的旋涡结构的尺度更小、数量更少，这主要是因为该转速为设计转速，可见偏离设计转速运行对混输泵主流道内的流动产生较大影响。

3. 旋涡结构的三维视图与湍动能分布

叶轮通道内在三维视角下的用 Q 准则（$Q=0.97\times10^5$s⁻²）识别的旋涡结构，用湍动能的强度进行着色如图5.24所示，目的是消除壁面的影响以及更清晰地区分旋涡结构。

从图5.24中观察得出，不同转速工况下，旋涡初生位置主要在叶片前缘和尾缘，这是因为入口水流的冲击在叶片前缘上形成了旋涡，在叶轮通道内分裂然后消散，随着转速变高前缘的旋涡尺度扩大，湍动能增大。在 $n=3600$r/min 时，吸力面上由壁面边界层的流动分离造成了较高的湍动能消耗，此区域的湍动能更大，流场的紊乱容易诱发新的旋涡结构。

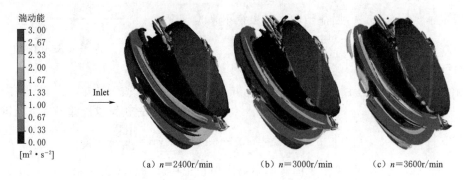

　　(a) $n=2400\text{r/min}$　　　　(b) $n=3000\text{r/min}$　　　　(c) $n=3600\text{r/min}$

图 5.24　不同转速下旋涡结构的三维视图与湍动能分布

5.3.2　体积流量对叶轮主流道内旋涡结构的影响

1. 速度与压力分布

为了研究体积流量对叶轮主流道内旋涡结构产生的影响，选择了三个体积流量工况（$0.8Q$，$1.0Q$，$1.2Q$）进行了探讨。不同流量工况下叶轮沿周向的速度分布情况如图 5.25 所示。由图可知，叶轮进口的高速区域从轮毂到轮缘逐渐扩大，三个体积流量工况都是相同的规律。在 $0.8Q$ 体积流量下，在靠近轮缘的区域叶片通道中出现了大面积的低速区；体积流量达到 $1.0Q$ 时，叶轮进口的高速区向叶轮通道扩张，而轮缘附近的低速区大量减少，只有叶轮出口处叶片吸力面上还有存在小部分低速区；$1.2Q$ 体积流量下，整个叶轮区域的速度整体提升，轮缘区域的低速区消失。径向系数 $r*=0.1$ 和 $r*=0.5$ 位置的高速区在叶片吸力面中部延伸到叶轮进口的压力，径向系数 $r*=0.9$ 处从压力面向吸力面形成了速度梯度。可见，进口流量对整个叶轮通道的影响十分显著，流量的增加不仅消除了叶轮流道后半部分的低速区域，还让叶轮进口的高速区占比增多。

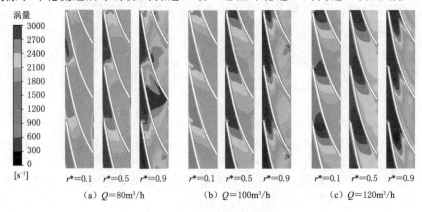

　　$r*=0.1$　$r*=0.5$　$r*=0.9$　　$r*=0.1$　$r*=0.5$　$r*=0.9$　　$r*=0.1$　$r*=0.5$　$r*=0.9$

　　(a) $Q=80\text{m}^3/\text{h}$　　　　(b) $Q=100\text{m}^3/\text{h}$　　　　(c) $Q=120\text{m}^3/\text{h}$

图 5.25　不同流量工况下叶轮周向的速度分布

不同流量工况下叶轮沿周向的压力分布情况如图 5.26 所示。由图 5.26 可知，与转速工况相比，叶轮流道内的整体压力变化的幅度不大，在径向系数 $r*=0.9$ 处叶轮进口的压力面上发现了一个低压中心，这是因为有一个小尺度的旋涡结构在此处形成，涡核中心处的压力最低。

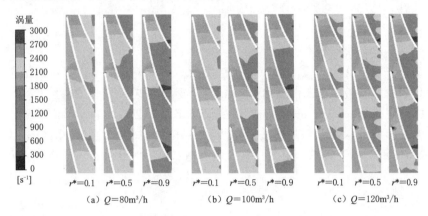

图 5.26　不同流量工况下叶轮周向的压力分布

不同流量工况下叶轮叶片压力面和吸力面的压力分布情况如图 5.27 所示。从图 5.27 中可以看出，叶片压力面上的压力变化跟转速影响下正好相反，低体积流量时压力等值线发生偏转从轮毂朝着轮缘方向，流量越大，压力等值线开始恢复成从叶轮进口向叶轮出口增加。而吸力面的压力分布较为平均，随流量的增加变化幅度不大，只有在大流量工况下吸力面前半段的低压区的压力更低。

2. 涡量分布云图与曲线

为了探究不同流量工况下叶轮主流道内的涡量分布情况，$0.8Q$、$1.0Q$、$1.2Q$ 三个体积流量下叶轮通道内不同叶高处的涡量云图如图 5.28 所示。从图 5.28 可以看出 $r*=0.1$ 和 $r*=0.5$ 流场稳定，通道内的高涡量区域很少且分散，而在 $r*=0.9$ 涡量的变化十分明显。当流量为 $0.8Q$ 时，$r*=0.9$ 处流道中部的涡量区域分离后流向压力面和吸力面。当流量为 $1.0Q$ 时，$r*=0.9$ 处涡量大于 $3000s^{-1}$ 的区域出现在吸力面出口附近，能够观察到同一叶片的压力面和吸力面上的高涡量区域会向叶片尾缘流动。当流量工况增加到 $1.2Q$ 时，$r*=0.9$ 处涡量大于 $3000s^{-1}$ 的区域面积在压力面后半段迅速增加，随后开始分离，一部分沿吸力面流向出口，另一部分延伸到通道中间。可见，流量的增大会导致叶轮出口区域的涡量增大。

图 5.29 为不同流量工况下整个叶轮通道沿周向的涡量值变化情况如图 5.29 所示，可以看出在叶片前缘的压力面受到叶轮进口的流体冲击，此时流动变得

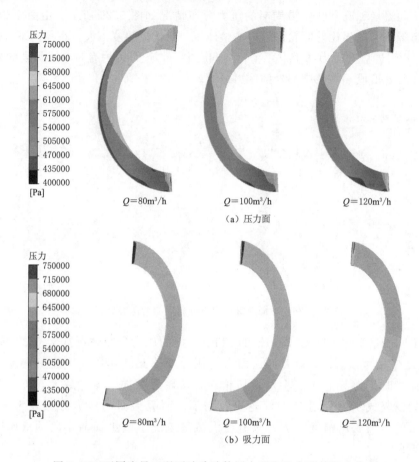

图 5.27　不同流量工况下叶片叶轮压力面和吸力面的压力分布

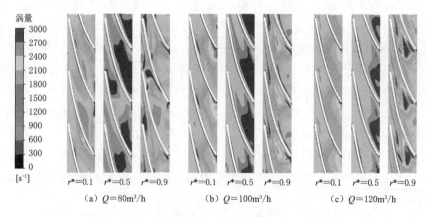

图 5.28　不同流量工况下叶轮沿周向的涡量分布

紊乱容易诱发旋涡结构的生成，因此涡量值达到峰值。叶轮进口和出口位置三个工况下的涡量度值分布曲线的变化趋势基本一致，进入叶轮通道后流动逐渐趋于稳定。从整体来看，不同体积流量对于叶轮主流道内的影响主要集中在叶轮通道的中间段，涡量值曲线呈现出阶梯式变化，且进口流量越大涡量值越大。

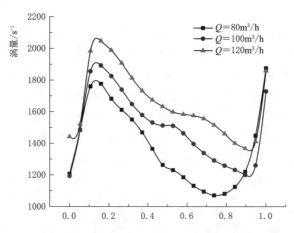

图 5.29　不同流量工况下叶轮沿周向的涡量值比较

3. 旋涡结构的三维视图与湍动能分布

不同流量下（$0.8Q$、$1.0Q$、$1.2Q$）基于 Q 准则（$Q = 0.97 \times 10^{-5}\ \text{s}^{-2}$）旋涡结构的三维视图湍动能分布如图 5.30 所示。

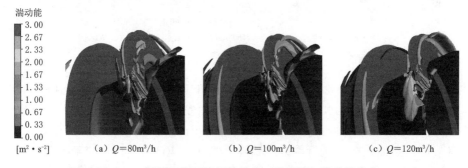

图 5.30　不同流量下旋涡结构的三维视图与湍动能分布

流体沿着叶片吸力面和压力面的壁面向下游流动，形成尾迹流后被导叶叶片切割，在叶轮与导叶的动静干涉作用下形成了一个尾缘涡结构[97]。在 $0.8Q$ 体积流量时，叶轮出口处的旋涡结构细小且分布散乱，高湍动能区域主要出现在叶片表面和尾缘上。达到 $1.0Q$ 体积流量时，叶片尾缘上旋涡引起的湍动能变化不大，涡结构仍然不成型，最大湍动能区域在旋涡的中心位置。在 $1.2Q$ 体积流量时，旋涡尺度开始明显扩大，从叶片上延伸到整个出口通道，高湍动能区域的范围增加，维持湍流或发展成湍流的能力更强[59]，随着流量的增加尾缘涡的结构变得完整，旋涡尺度增大。

5.3.3　进口含气率对叶轮主流道内旋涡结构的影响

1. 涡量分布云图与曲线

为了探究不同含气率下涡量的变化规律，研究进口含气率对旋涡演化过程的影响。不同进口含气率下叶轮流道内的涡量云图如图 5.31 所示，对比进口含气率 5％、10％两个工况，可以看到径向系数 $r^*=0.1$ 处在吸力面出口有一个小面积的涡量大于 $3000s^{-1}$ 的区域，随含气率的增加而逐渐扩大。在径向系数 $r^*=0.9$ 处，涡量大于 $3000s^{-1}$ 的区域占据了叶片压力面后半段 1/3，此处流动变化更为复杂，易产生明显的旋涡结构。随着进口含气率的增多，气体在流道中占据的位置越来越多，液体的流动受到影响，易诱发旋涡产生。

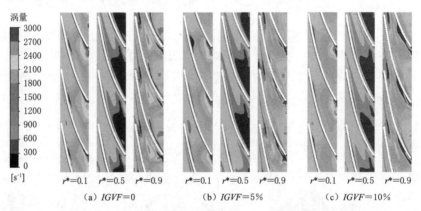

图 5.31　不同进口含气率下叶轮沿周向的涡量分布

三种含气工况下叶轮通道从进口开始到出口过程的涡量值变化曲线如图 5.32 所示，可以看到纯水工况下的曲线变化趋势较另外两条平稳。当进口含气率增加，在叶轮通道中间段，不同进口含气率工况的涡量值曲线发生变化，5％和 10％的两条曲线分别进行骤升和骤降。尤其是 $IGVF=10\%$ 的工况，涡量值在叶轮通道后半段的增加较其他工况更多。总体上来说，随着含气率的增加曲线向上移动，叶轮通道在进口区域涡量值达到顶峰，进入叶轮中段后下降，在出口区域再度上升。说明进口含气率对于叶轮主流道内旋涡的影响集中体现在后半段。

2. 旋涡结构的三维视图与湍动能分布

不同进口含气率下旋涡结构的三维视图与湍动能分布如图 5.33 所示。

从图 5.33 展示的叶轮通道中的旋涡分布情况可以看到，当进口含气率增加

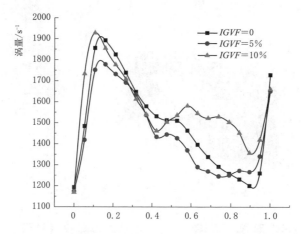

图 5.32　不同进口含气率下叶轮沿周向的涡量值比较

（a）IGVF＝0　　　　　　（b）IGVF＝5%　　　　　　（c）IGVF＝10%

图 5.33　不同进口含气率下旋涡结构的三维视图与湍动能分布

时，在靠近轮缘处的叶片表面上，在 2/3 段叶片的位置出现了明显的旋涡结构并且产生了较高的湍动能，此处的旋涡会沿着叶片表面向下游延伸，然后旋涡破碎消散。最终从壁面以及叶片表面脱落出来的涡结构汇入出口区域，形成通道涡结构。随着含气率增加，旋涡结构的尺度增大、湍动能增加。

3. 旋涡与流态特征、相态分布的关联情况

叶轮主流道内的旋涡不仅会对气液两相混合的流态造成影响，还会影响气相的分布情况，而气体的聚集反过来也会影响旋涡的生成，为了分析旋涡在不同含气率下与流态和相态的关系，截取叶轮的一个轴面如图 5.34 所示，选取的截面为叶轮出口处最大尺度的旋涡结构所在的位置。

轴向截面的速度流线图与涡量图如图 5.35 所示，通过云图对比后能够分析不同含气率下旋涡对流动特征的影响。由图 5.35 可知，在纯水工况下，在叶轮室附近出现了最大涡量，这是由于壁面剪切层的作用，叶轮室壁面上流体发生脱

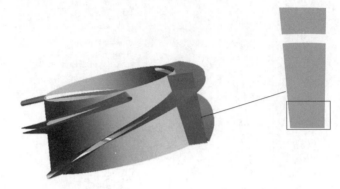

图 5.34　选取截面示意图

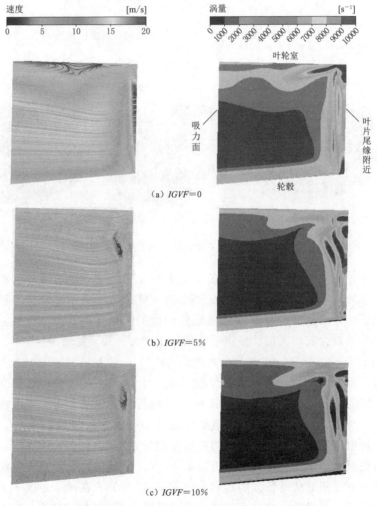

图 5.35　不同进口含气率下速度流线变化与涡量值对比

流形成了旋涡，同时壁面边界层的速度梯度较大，引起速度流线的弯曲。当含气率为 5%时，在轴向上靠近叶片尾缘的尾迹区出现了旋涡结构，径向位置上从轮毂到轮缘之间产生一段低速区域，旋涡中心的速度最低，涡量分布也呈现周围区域涡量值大、中间区域涡量值小的趋势，同时经过低速区域的流线受到影响发生偏移和弯曲。当含气率在 10%时，随着气相体积的增多低速区域的面积增加，旋涡附近的涡量最大区域面积也增加，旋涡核心沿径向朝通道中间运动，旋涡结构的尺度也随之扩大，此外由于气体主要聚集在轮毂处，轮毂附近的边界层受到影响导致涡量值较大。

不同含气率下叶轮流道内的气相分布图如图 5.36 所示。由于离心力的作用，密度较小的气相被液相向内排挤朝着叶轮轮毂聚集，因此在轮毂处（$r*=0.01$）的气相含量最高。对比 $r*=0.1$ 和 $r*=0.9$ 处的气相分布图，发现气体在靠近轮缘处分布很少，而气体在靠近轮毂处分布更多。在 $r*=0.8$ 处大量气体分子聚集在叶片吸力面出口形成气团，气团的形成扰乱了流场，从而引起脱流产生旋涡。随着含气率增加，气团数量越来越多，旋涡尺度不断增大，旋涡结构也延伸扩展，这与涡量图显示的结果一致。

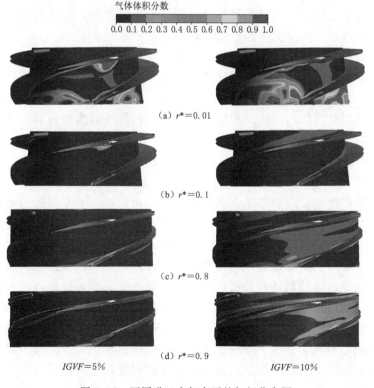

气体体积分数

0.0 0.1 0.2 0.3 0.4 0.5 0.6 0.7 0.8 0.9 1.0

（a）$r*=0.01$

（b）$r*=0.1$

（c）$r*=0.8$

（d）$r*=0.9$

IGVF=5%　　　　　　　　　IGVF=10%

图 5.36　不同进口含气率下的气相分布图

5.4　本　章　小　结

首先，对螺旋叶片式混输泵叶顶泄漏涡的运动轨迹和时空演变展开了研究，进一步定量分析了叶顶泄漏涡旋涡动力学特性，探究气相对于叶顶泄漏涡的时空演变与涡动力学特性的影响。主要得出以下结论：

（1）在螺旋叶片式混输泵运行过程中，叶顶泄漏流在叶片两端的压差作用下，经叶顶间隙从压力面泄漏至吸力面，并与主流相互作用形成复杂的旋涡，主要划分为前缘涡、分离涡、次泄漏涡、主泄漏涡和尾缘涡。同时，叶顶泄漏涡扰乱主流压力分布，降低主流速度，增加水力损失，导致螺旋叶片式混输泵能量转换性能下降。

（2）通过对叶顶泄漏涡二维和三维演变过程的非定常计算，发现在叶轮旋转 8/15T 内叶顶泄漏涡的二维演变过程划分为三个阶段：初生阶段、发展阶段和耗散阶段。这个过程直观地展示了主泄漏涡因压差作用产生和逐渐发展，最后因相邻叶顶间隙的吸附作用而耗散。另外，在叶轮一个旋转周期内，叶顶泄漏涡的三维时空演变过程同样可划分为三个阶段：分裂阶段、收缩阶段和合并阶段。在这个过程中，主泄漏涡和次泄漏涡的旋涡涡量、尺度和形状都发生改变，并且两者的时空演变过程密切相关。

（3）通过对相对涡量输运方程的分析，表明旋涡拉伸项、科氏力和黏性耗散项共同控制叶顶泄漏涡的时空演变，是旋涡涡量和运动轨迹改变的重要驱动力。旋涡拉伸项对主泄漏涡的初生和演化具有重要的驱动作用，科氏力主要控制次泄漏涡和分离涡的产生和时空演变，黏性耗散项对次泄漏涡和叶顶分离涡的产生具有一定的驱动作用。

（4）将纯水工况与气液两相工况进行对比分析，发现气相明显地增强了次泄漏涡的旋涡尺度，改变了次泄漏涡的形态，其形态由连续涡带变为条状涡带。同时，气相驱使主泄漏涡起始点向前缘移动，并且增大了主泄漏涡运动轨迹与叶片的夹角。在叶顶泄漏涡二维时空演变过程中，气相在叶顶间隙附近形成气旋，阻碍了流体的流通，并且加快了主泄漏涡的初生、发展和耗散过程。在叶顶泄漏涡三维时空演变过程中，气相加剧了主泄漏涡的分裂过程，改变了次泄漏涡时空演变的运动轨迹和形态。此外，气相改变了旋涡拉伸项、科氏力和黏性耗散项在叶顶泄漏涡上的分布，进一步影响叶顶泄漏涡的时空演变过程。

其次，研究了螺旋叶片式混输泵叶轮通道内旋涡结构的涡动力学特性，主要通过截面上的涡量分布来筛选涡核中心，使用速度矢量线来模拟涡核的运动轨迹，然后研究了流道内旋涡结构随时间和空间变化进行三维演变的过程，得到了以下重要结论：

（1）受到螺旋叶片式混输泵内部构造、叶片之间的压差力和叶轮旋转的作用力的影响，叶轮通道中旋涡结构在各个位置都有不同的运动轨迹：吸力面上的旋涡在轮毂附近的位置诞生，沿着叶片骨线向尾缘移动，在运动过程中逐渐远离轮毂靠近轮缘，且在整个运行轨迹中没有脱离叶片表面直至旋涡消失；叶片尾缘上形成的旋涡从轮缘处发迹，轮缘处的流场处于叶片压力面和吸力面上的流体交汇之中，旋涡结构出现了两个运动轨迹，一个跟随主流流出叶轮，另一个被动静交接处的回流阻挡流回叶轮；压力面附近的旋涡来源于叶片表面的流动分离，以压力面后半段为起点，跟随主流向叶轮出口运动，在移动的过程中脱离叶片表面向通道中心发展。

（2）旋涡结构在叶轮通道中内发生的三维时空演变过程有一个周期性变化，首先，叶片进口区域的旋涡结构进行了收缩，叶片前缘上大涡吸附小涡，在压力面上聚集成一个大尺度的旋涡结构，然后旋涡开始扩散形成了大面积的旋涡区域；压力面前段和中间段分别发生了流动分离，形成了两个旋涡结构，紧接着这两个旋涡结构在向下游流动的过程中开始聚拢合并，在出口区域膨胀然后破裂，形成一片旋涡区域；尾迹区的旋涡则是分裂成两部分，其中一部分旋涡往压力面发展，旋涡开始膨胀占据了整个叶轮通道，另一部分旋涡在吸力面上继续向叶轮出口流动，旋涡结构的尺度逐渐壮大。

最后，分析了叶轮主流道内速度和压力分布图来研究不同变量引起的变化，结合叶轮通道的涡量分布云图、涡量值变化曲线，逐一分析了纯水工况体积流量、转速和气液两相工况下进口含气率对涡量的影响，通过 Q 准则识别方法、湍动能分布和相态分布情况来实现叶轮通道涡的可视化。总的来说，结合了二维和三维的视角，观察并讨论了叶轮转速、体积流量和含气率对旋涡结构的影响，得出以下结论：

（1）纯水工况下不同的转速对叶轮主流道内旋涡结构的流动特性有显著影响。沿着叶轮旋转方向来看，低转速工况下，径向系数 $r* = 0.1$ 处叶轮进口的压力面出现了高速中心，随着转速的增加，高速区域占比逐渐增加进而占据整个进口区域，而径向系数 $r* = 0.9$ 处叶轮出口的压力面和吸力面都出现了低速中心。同时，径向系数 $r* = 0.1$ 处叶轮进口区域随转速的增加低压区的压力值下降明显。从叶片表面观察压力分布情况，受壁面边界层的流动分离影响，压力等值线发生了偏移，从轮毂朝轮缘方向形成压力梯度，叶片前半段吸力面的压力随转速升高反而迅速下降。高涡量区域出现在叶轮进口区域、压力面中段和吸力面后半段，特别是在叶轮出口区域的吸力面上产生了涡量梯度，转速的增加使高涡量区域的面积增加。不同转速的涡度值分布曲线在叶轮通道前半段呈一定梯度，后半段数值相差不大。从叶轮流道的三维视图可以发现，叶片前缘、叶片表面和叶片尾缘都出现了不同尺度的旋涡结构，随着转速的增加其湍动能消耗增加、旋涡结构的尺度变大。

（2）纯水工况下不同的进口流量对叶轮主流道内旋涡结构的影响也十分显著。体积流量为 $0.8Q$ 时，径向系数 $r^*=0.9$ 处叶轮流道中心出现了大面积的低速区，体积流量为 $1.2Q$ 时，径向系数 $r^*=0.1$ 处叶轮进口的压力面上则出现了一个高速中心。与转速工况的压力分布情况相比，整个流道的压力变化幅度较小，体积流量为 $1.2Q$ 时，径向系数 $r^*=0.9$ 处叶轮进口的压力面上出现了低压中心，这个位置也是新的旋涡结构诞生的区域。从叶片表面观察压力分布情况可知，压力面上的压力变化规律与转速工况相反，压力等值面的偏折从小流量工况时出现，随着进口流量增加压力等值面恢复正常。在体积流量为 $1.2Q$ 时，吸力面上的压力呈现先减小再增加的趋势，叶片中间的低压区域发生了流动分离导致旋涡结构的形成。小流量工况下径向系数 $r^*=0.9$ 处高涡量区域出现在叶轮进口，分别向压力面和吸力面发展，大流量工况下径向系数 $r^*=0.9$ 处高涡量区域出现在吸力面叶轮出口位置，由压力面和吸力面的高涡量区域向叶轮流道中心汇聚。不同流量工况对涡量值分布曲线的影响主要在叶轮通道中间，流量越大涡量值越大。在旋涡等值面上可以发现，进口流量的增加使叶片尾缘散碎的小涡逐渐聚集为一个大尺度的旋涡结构。

（3）在气液两相工况下，不同的进口含气率影响了旋涡结构的形态变化。高涡量区域出现在压力面中段和吸力面后半段，随着气相的增加高涡量区域占比增加，且往吸力面前半段延伸。涡量值分布曲线受进口含气率改变的影响体现在叶轮通道的后半段，当 $IGVF=10\%$ 涡量值增加而 $IGVF=5\%$ 时涡量值减少。由于离心力的作用，气体主要聚集在轮毂形成气团，而且靠近轮缘处也发现了少量聚集成团的气体分子，这是因为轮缘处旋涡结构的形成卷吸了部分气体，尤其是在叶片尾缘吸力面处的旋涡强度最大。随着含气率增加，旋涡结构的尺度呈现出不断扩大的趋势，旋涡结构从壁面边界层分离朝叶轮通道中间发展。

第6章 基于涡量分解原理的叶顶泄漏涡动力学特性

6.1 螺旋叶片式混输泵内涡流分布

6.1.1 叶轮流道内刚性旋转涡分布

基于 Liutex 方法可以清晰地展现出流道内各种涡的分布情况，将 Ω_R 选取为 0.65 时可清晰完整地呈现叶轮流道各类涡结构，其中主要包含叶顶泄漏涡 TLV 和主流涡等，并得出相对完整的涡结构。纯水和气液两相（$IGVF=10\%$）工况的涡分布如图 6.1 所示，并且用特殊符号标记涡旋集中的区域，其中叶顶泄漏涡分布呈管状分布，从吸力面前缘位置到相邻叶片压力面前缘，并被分为主泄漏涡（PTLV）、次泄漏涡（STLV）及尾涡（TV）等，其中 PTLV、STLV 为泄漏涡（TLV）的主体部分，可以看出涡旋分布与间隙射流流线密集区域吻合度很高。纯水工况下叶顶间隙处的涡结构分布在间隙两端，而气液两相下涡结构较为密集的分布在间隙内。气相的存在使得间隙内发生了堵塞，降低了流体速度，进而导致该区域出现了较大的次泄漏涡。在纯水工况下，流道

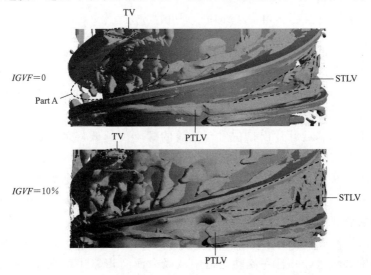

图 6.1 螺旋叶片式混输泵叶轮流道内 TLV 以及涡线分布（$\Omega_R=0.65$）

内 PTLV 在尾端出现了较多的细碎涡分布,可认为是涡脱落的分布情况,随着含气率增加,STLV 分布区域明显增大。相比于纯水工况,气相的存在使得整个流道内的涡旋急剧增加。

基于上述分析发现,叶轮流道内充斥着各种涡旋,其中主要以叶顶泄漏涡为主,而 Liutex 方法将明显的具有旋转特征涡旋提取出来,更直观地展示出涡旋的运行轨迹。因此,在接下来的研究中主要以叶顶泄漏涡为主。

6.1.2 叶顶间隙射流的流线分布

为了研究叶尖间隙射流的运动轨迹,选取了一个叶片 Blade1。将叶片叶尖间隙分为 $\lambda = [0, 0.25]$、$\lambda = [0.25, 0.5]$、$\lambda = [0.5, 0.75]$、$\lambda = [0.75, 1.0]$ 4 部分,其中 λ 为叶片从进口到出口的相对位置系数,如图 6.2 所示。

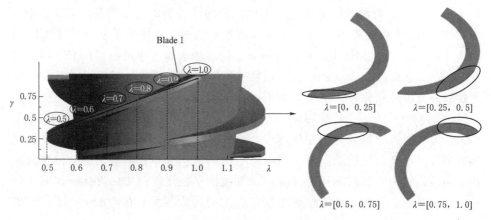

图 6.2 不同叶尖间隙位置示意图

螺旋叶片式混输泵叶顶间隙射流的流线分布如图 6.3 所示,并先后取 4 个不同的叶片弦长段区间,展示出各自弦长段下的流线轨迹分布,其中 λ 为叶顶相对位置系数。图 6.3 (a) 显示了经过 λ 的 4 个区域的叶尖间隙射流流线分布,在纯水条件下,射流通过叶尖间隙的不同位置流出,并在压力面形成条形螺旋流线。其中,越靠近叶片出口位置,流线的螺旋度越低,尤其是在 $\lambda = [0.75,$ $1.0]$ 区间内,此时射流流线的螺旋扭结度非常小。从图 6.3 (b) 中可以发现,气液两相射流在流道内也呈螺旋状分布,从进口叶片前缘的吸力面扩散到相邻叶片压力面中间位置,气相流线速度很低,被液相流线包裹。分析表明,气液两相间隙射流的密度明显高于纯水条件下的射流,在 $\lambda = [0, 0.25]$、$\lambda = [0.25, 0.5]$ 和 $\lambda = [0.5, 0.75]$ 范围内表现得尤为明显。间隙射流通过剪切层向流道中心输送,并且在流动通道中从吸力面向相邻叶片的压力面延伸,与主流方向相互卷吸不断旋转形成涡旋。叶顶泄漏流在主流道内逐渐形成流线密集区，并分布在相邻叶片压力面处。

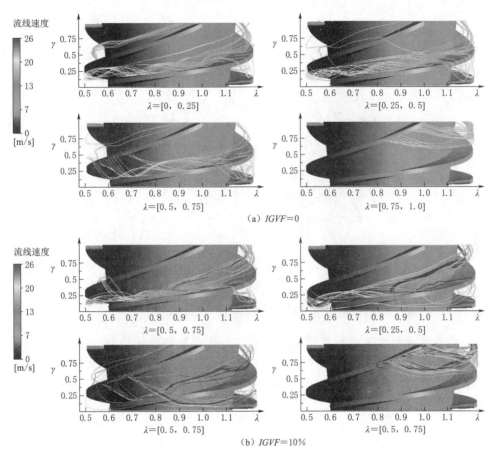

图 6.3　叶顶泄漏射流分布

6.2　叶顶泄漏流的非定常特性

　　为了深入分析叶顶泄漏流的非定常流动特性，引入了压差系数 p^* 与速度系数 w^* 两个无量纲参数，其表达式为式（6.1）和式（6.2），U 为叶轮叶顶处的角速度，V_{Tip} 为泄漏流的轴向速度。螺旋叶片式混输泵内叶顶端间隙周围的流场示意图如图 6.4 所示，展示了间隙内分离涡，流道中的剪切层和 TLV。为了进一步分析 TLV 的瞬态特性，在不同叶片弦长系数的叶顶间隙处均设置了监测点，由 6.1 节分析得出，应当重点对 $\lambda=0.2$、$\lambda=0.5$、$\lambda=0.8$ 位置的叶顶区域进行监测，并设立监测点 M_{1i} 和 M_{2i}。通过间隙两侧的泄漏流压差系数和速度系数，研究分析泄漏流的瞬态特性。

$$p^* = \frac{P_{M2i} - P_{M1i}}{0.5\rho U^2} \tag{6.1}$$

$$w^* = \frac{V_{\text{Tip}}}{U} \tag{6.2}$$

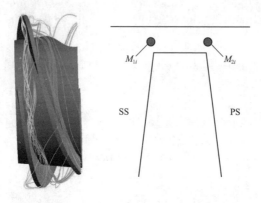

图 6.4　叶顶间隙监测点示意图

6.2.1　叶顶泄漏流速度系数和压差系数时域分布

叶顶泄漏流的压差系数变化波动趋势与速度系数变化趋势如图 6.5 所示，图 6.5（a）和图 6.5（c）为不同含气率下压差系数和速度系数的时域瞬态变化图，图 6.5（b）和图 6.5（d）分别为纯水工况和气液工况下压差系数和速度系数的局部时域图。

从图 6.5（a）和图 6.5（c）中可以看出，在纯水工况下，$\lambda=0.2$、$\lambda=0.5$、$\lambda=0.8$ 的 w^* 平均值分别为 0.208、0.44、0.447，p^* 平均值分别为 0.021、0.092、0.114。而在气液两相工况下，$\lambda=0.2$、$\lambda=0.5$、$\lambda=0.8$ 的 w^* 平均值分别为 0.093、0.516、0.413，p^* 平均值分别为 0.03、0.172、0.196。这表明随着叶顶间隙相对位置系数 λ 的增加，压差系数和速度系数的平均值分别呈现增加和降低的趋势。气液两相条件较纯水条件而言，压差系数明显较高且速度系数明显较低。此外，从图 6.5（b）和图 6.5（d）中可以看出，在 $\lambda=0.2$ 以及 $\lambda=0.8$ 时，压差系数的峰值相比于速度系数的峰值总是提前发生，而在 $\lambda=0.5$ 时，压差系数的峰值滞后于速度系数。这表明在叶片的叶顶间隙前缘位置和后缘位置处，泄漏流的速度是受压差驱动而发生改变，而在中间位置时，压差的改变会受到速度的影响。这种压差与速度的相互制约和促进，是造成泄漏流周期性波动的主要原因，而气相的存在使得这种波动幅值急剧增加，同时极大地增加了压差系数的幅值。

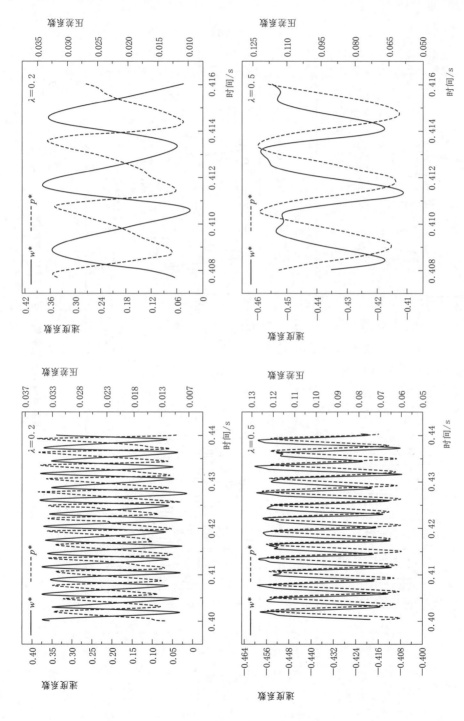

图 6.5（一）　泄漏射流的压差系数与速度系数的时域图

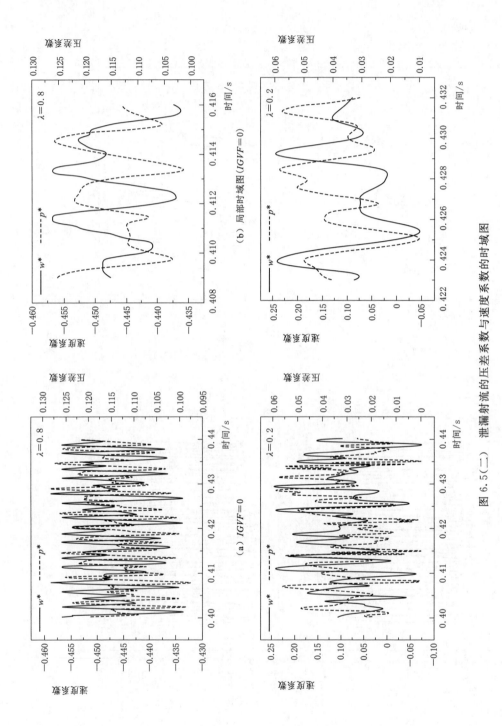

图 6.5（二）　泄漏射流的压差系数与速度系数的时域图

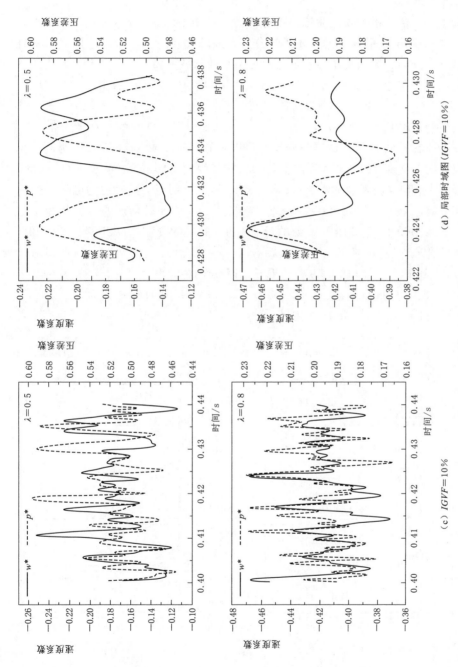

（c）$IGVF=10\%$

（d）局部时域图（$IGVF=10\%$）

图 6.5（三）　泄漏射流的压差系数与速度系数的时域图

6.2.2　叶顶泄漏流速度系数和压差系数频域分布

为了进一步分析叶顶泄漏流的瞬态特性，对于 $\lambda=0.2$、$\lambda=0.5$、$\lambda=0.8$ 下速度系数 w^* 和压差系数 p^* 的频域进行分析，横轴代表的是叶片通过频率，纵轴代表脉动的振幅。泄漏流压差系数与速度系数的频域图如图6.6所示。从图6.6可以看出，在纯水工况下，$\lambda=0.2$、$\lambda=0.5$、$\lambda=0.8$ 时 w^* 的主频率分别为：$f=13BPF$、$f=11BPF$、$f=21BPF$，而 p^* 的主频率为：$f=13\ BPF$、$f=14\ BPF$，$f=12\ BPF$。在 $\lambda=0.2$、$\lambda=0.5$、$\lambda=0.8$ 位置，气相的存在增大了 [0，50BPF] 频域下的 w^* 和 p^* 的谐波分量，尤其是在 $\lambda=0.2$ 和 $\lambda=0.5$ 最为明显，气相不仅加剧了泄漏流的低频扰动，也增大了间隙两侧压差系数的振幅。由于在叶顶前缘和中间位置所形成的涡旋较多，因此，这两处的压力脉动更为剧烈，这一点应当引起注意。p^* 的频谱在 $\lambda=0.2$、$\lambda=0.5$、$\lambda=0.8$ 时出现的次主频为 $f=6BPF$、$f=4BPF$ 和 $f=21BPF$，w^* 的频谱相对应的次主频为 $f=22BPF$、$f=3BPF$ 和 $f=11BPF$。气液两相工况下，在 $\lambda=0.2$、$\lambda=0.5$、$\lambda=0.8$ 处，p^* 的主频率分别为 $f=9\ BPF$、$f=2\ BPF$ 和 $f=10\ BPF$，而 w^* 的主频率为 $f=2BPF$、$f=3BPF$ 和 $f=3BPF$。p^* 的频谱在 $\lambda=0.2$、$\lambda=0.5$、$\lambda=0.8$ 时的次主频为 $f=4BPF$、$f=2BPF$ 和 $f=1BPF$，w^* 的次主频为 $f=6BPF$、$f=5BPF$ 和 $f=1BPF$。气液

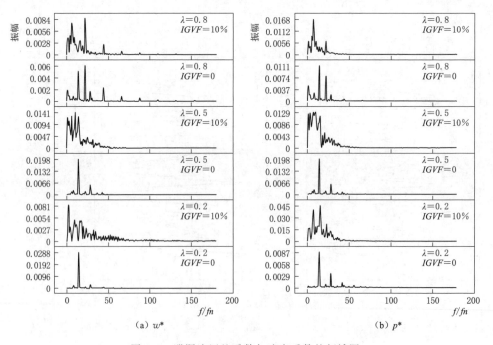

（a）w^*　　　　　　　　　　　（b）p^*

图6.6　泄漏流压差系数与速度系数的频域图

两相工况下，w^* 的振幅相对较高的谐波分量主要分布在 $[0fn，15fn]$，且明显大于纯水工况，p^* 振幅偏高的谐波分量分布情况与 w^* 一致。

基于上述分析可知，压力波动与叶顶泄漏速度波动存在极强的关联特性，随着叶长倍弦系数的增加，p^* 和 w^* 呈先增后降的趋势，而气相的存在导致叶顶泄漏流的 p^* 和 w^* 高幅值更多地集中在低频处。螺旋叶片式混输泵叶顶间隙两侧的泄漏压差与速度系数存在滞后的关联性，即压差大时会驱动速度增加，速度过大后又会影响压力变化，即泄漏流在高速流动时，会逐渐影响间隙两侧的压差变化。由此可以得出结论，叶顶泄漏流的瞬态波动特性源自泄漏速度和压差相互促进和制约。

6.3　基于 Liutex‑Omega 的叶顶泄漏涡时空演变

由 6.2 节分析可知，叶顶泄漏流的瞬态变化源自速度梯度的波动，所表现出的是宏观上的涡旋演化，为了深入探索 TLV 的瞬态变化，本节基于 Liutex 方法对螺旋叶片式混输泵叶轮流道内 TLV 的三维时空演变进行展示，并由图 6.1 看出，TLV 分为主泄漏涡和次泄漏涡，间隙射流在流道内与主流相互交汇形成 PTLV。

6.3.1　纯水条件下叶顶泄漏涡演化过程

螺旋叶片式混输泵叶轮流道内涡旋的三维时空演变如图 6.7 所示，本节主要研究分析 TLV，因此将 TLV 分为三个部分，记为 A、B、C 三个部分，其中 A 和 B 分别为 PTLV 的前后两段，C 区域包含部分 STLV 以及相邻流道 PTLV 的尾端，图 6.7（a）为演化的第一个阶段，图 6.7（b）为演化的第二个阶段。从图 6.7（a）可以看出：在 $[T_0，T_0+2/24T]$ 时间段，A 段涡管由长条状逐渐消散为一小块状，C 区域中 STLV 的区域也逐渐减小，同时 PTLV 尾端出现了持续的涡旋脱落情况。在 $[T_0+3/24T，T_0+6/24T]$ 时间段，B 段涡管逐渐向叶片后缘收缩，其分布变化由长条状消散为数块小团状，C 区域的 STLV 逐渐减小。直到 $T_0+7/24T$ 时刻，PTLV 的 A 段出现了复现的趋势，在 $[T_0+8/24T，T_0+11/24T]$ 时间段，A 段涡旋从叶顶吸力面向相邻叶片压力面蔓延，其形状由原先的小块状增大为长条状，B 段涡旋逐渐聚拢并与 A 段融合为一条涡管，C 区域 STLV 显著增多。图 6.7（b）为一个周期内 TLV 演化的第二阶段，在 $[T_0+11/24T，T_0+23/24T]$ 时刻，PTLV 从中间位置重新分裂为 A 和 B 两段，其中 A 段和 B 段分别向中间位置和流道出口位置收缩，两段涡管交替出现了两次收缩复现过程，最终是在时间 $T_0+22/24T$ 时刻，A 和 B 段汇聚为一条完整的涡管。相比于第一阶段，PTLV 在形成过程中涡尺度明显增大。此外，在相邻流道 C 区域内发现，PTLV 呈周期性脱落。

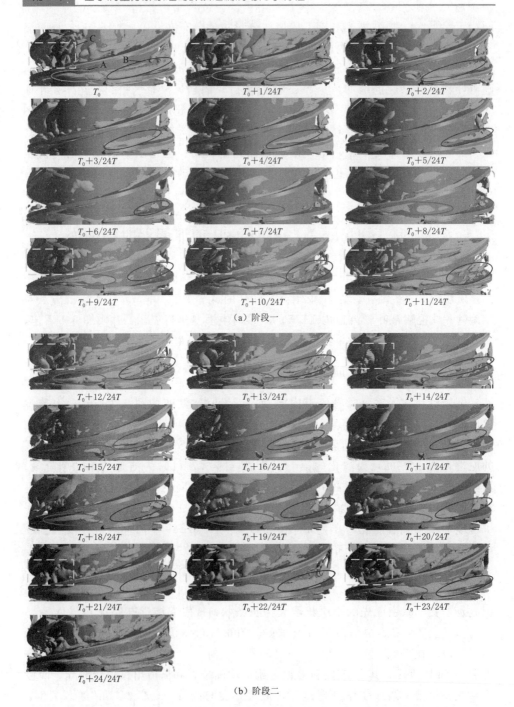

（a）阶段一

（b）阶段二

图 6.7 纯水工况下叶轮流道内 TLV 的瞬态演化（$\Omega_R = 0.65$）

6.3.2   气液两相条件下叶顶泄漏涡演化过程

$IGVF=10\%$ 时 TLV 的时空演变过程如图 6.8 所示。从图 6.8 中可以看出，

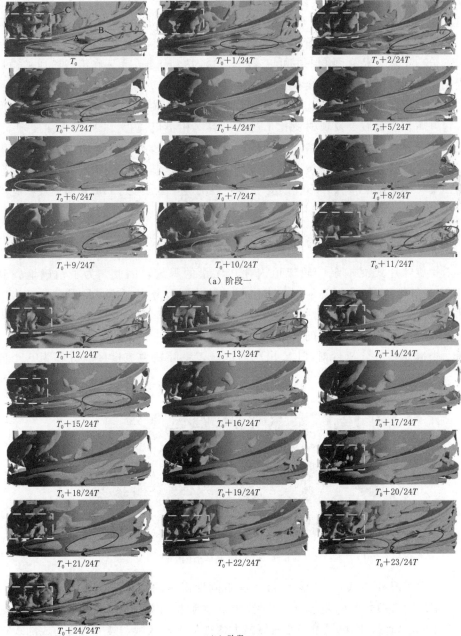

（a）阶段一

（b）阶段二

图 6.8   气液工况（$IGVF=10\%$）下叶轮流道内 TLV 的瞬态演化（$\Omega_R=0.65$）

叶顶泄漏涡在第一阶段呈周期性交替变化，从 T_0 到 $T_0+6/24T$ 内，叶轮流道内 PTLV 的 A 段与 B 段相继收缩消散，与纯水工况相比，TLV 消散的时间较长且逐渐耗散为无数细小涡团，这些小尺度涡团在流道存在时间较长。在 $T_0+10/24T$ 到 $T_0+12/24T$ 时刻整个流道的压力面中部迅速涌入了大量主流涡，而这些主流涡的出现抑制了 PTLV 的 A 段生成，同时由于气相的存在，使得 PTLV 的 B 段无法保持涡管形状，而是分解为数块小涡团，并在压力面周围呈螺旋分布态势。又从图 6.8 中可以看出，气液两相工况 TLV 在第二阶段的循环周期中存在时间明显多于纯水工况，在 $[T_0+15/24T，T_0+24/24T]$ 时间段，TLV 不断地向压力面移动，与纯水工况相比，TLV 始终维持稳定的长条涡管形态，并未发生消散－复现的变化，这意味着气相不仅使得 TLV 涡旋强度增大，也使得其存在的时间显著增加。此外，PTLV 的 C 段在一个周期内持续出现涡旋脱落，且相比于纯水工况其涡尺度明显大很多。基于上述分析得知，气相对刚性旋转涡的影响很大，不仅改变了其形态轨迹，也影响了 TLV 周期性演化的进程。

6.3.3　基于刚性涡量的叶顶泄漏涡核演化

螺旋叶片式混输泵叶轮流道内存在大量的涡旋，因此，为了精确地找到 TLV 并量化 TLV 的涡旋强度，将使用涡量的二元分解理论，将涡量分解为刚性涡量与变形涡量，而刚性涡量代表刚性旋转涡的涡旋强度，其矢量表达式为 $\omega_R \cdot r$，ω_R 表示刚性涡量的大小。

根据 6.2 节分析针对 TLV 出现的区域，将叶轮主流道区域分解为 6 个截面，如图 6.9 所示。

截面1　截面2　截面3　截面4　　截面5　　截面6

图 6.9　叶轮流道内 S1 流面

纯水工况和 $IGVF=10\%$ 气液工况下刚性涡核的瞬态演化如图 6.10 所示，为了记录瞬态演化时间顺序，一个旋转周期的起始时刻设为 $T=0\text{ms}$，结束时刻为 $T=20.02\text{ms}$。刚性涡量中心区域最大值视为涡核区域，其中涡核连成的线称之为涡轴，而围绕涡轴构成的三维旋涡状结构视为刚体状涡旋。

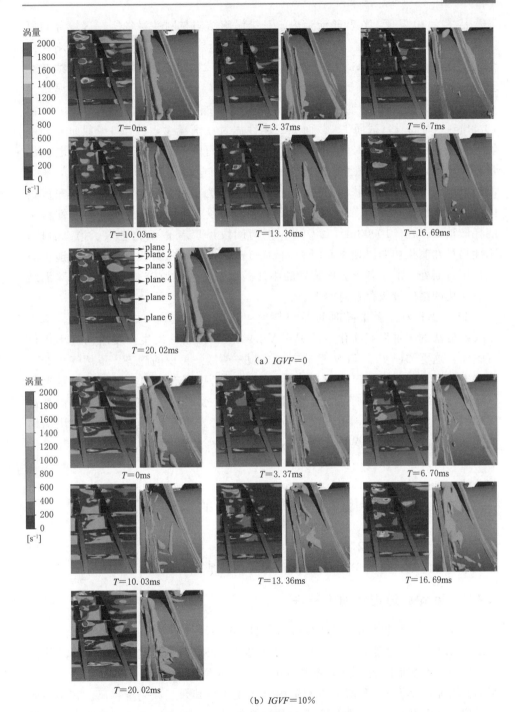

（a）*IGVF*=0

（b）*IGVF*=10%

图 6.10　叶轮流道内刚性涡量的时空演化

从图 6.10 发现，在叶轮流道内，三维涡旋结构与刚性涡量所在区域分布以及其演化趋势完全一致。图 6.10（a）为 $IGVF=0\%$ 工况下叶轮流道内刚性涡量的演化，在 [0ms，6.70ms] 时间段，截面 3～截面 6 处的刚性涡量持续减小至消失状态。在 $T=10.03ms$ 时刻，刚性涡量重新出现在流道内，但其涡旋强度较低，与此同时三维涡结构也出现在了相同的位置。在 [10.03ms，13.36ms] 时间段，截面 1～截面 2 的刚性涡量逐渐减少，截面 3～截面 6 的刚性涡量逐渐增加，在 [13.36ms，16.69ms] 时间段，截面 1～截面 2 的刚性涡量逐渐增加，截面 3～截面 6 的刚性涡量逐渐减少，一直到 20.02ms 阶段，压力面附近形成了完整的管状涡结构。图 6.10（b）为 $IGVF=10\%$ 工况下叶轮流道内刚性涡量的演化，在 [0ms，10.03ms] 时间段，截面 1～截面 6 处刚性涡量的耗散很快。在 [10.03ms，20.02ms] 时间段，TLV 的演化进入了第二阶段，刚性涡量在演化初期出现在截面 1～截面 6 处，并很快从剪切层蔓延至流道中心以及压力面处，由于各个截面位置的刚性涡量聚集区域均较大，所以 TLV 涡结构在演化的第二阶段存在时间更长。

TLV 涡核刚性涡量随时间而交替发生增减的变化，与之相对应的是基于 Liutex 方法的三维涡旋演化，即 PTLV 的 A、B 段相继发生分裂后向进出口位置收缩，这更加证实了 TLV 呈周期性分裂—消散—再现的趋势。虽然气相的存在一定程度上削弱了 PTLV 涡核处的刚性涡量，但同时也加大了刚性涡量聚集区域，这导致气液两相工况的泄漏涡明显多于纯水工况。TLV 在流道中运动过程中涡旋强度不断减小，但其涡核位置几乎没有发生变化，这便于捕捉泄漏涡的运动轨迹。由于刚性涡量只能表示涡旋的生灭过程，无法深入地分析其演化的本质，所以需要作进一步的研究。

6.4 基于刚性涡量输运方程的涡动力学特性

为了更详细地分析不稳定 TLV 涡流的因素，基于刚性涡量输运方程，并列出 7 个瞬态时刻，揭示 TLV 瞬态演化的内在机理。

6.4.1 叶轮流道内涡动力特性

叶轮流道内涡动力各个源项的分布如图 6.11 所示。从图 6.11 中可以看出，在进口到出口相对系数 0～1.0 内，涡生成项（RCT）、拉伸项（RST）、科氏力（ROT）在流道内随着流向系数 [0～0.8] 的增加而减小，而在 [0.8～1.0] 范围内增加，耗散项（RVT）在流道内分布规律与其余三项完全相反。其中，涡生成项和科氏力的平均值明显高于拉伸项和耗散项，因此这二者主要决定涡旋的生长和破灭。从图 6.11 中还可以看出，气相的存在显著增加了 RCT 和 ROT，并降低了耗散项。这表明气液两相工况下，叶轮流道内充斥着更多的不稳定涡流。

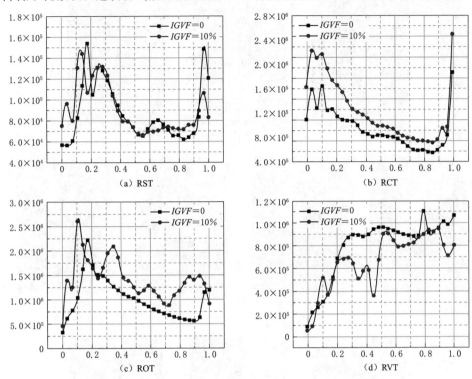

图 6.11   叶轮流道内涡动力方程中不同源项的分布

6.4.2   叶顶泄漏涡的瞬态涡动力特性

　　叶轮流道内 RCT 项的瞬态演化如图 6.12 所示，RCT 项是伪 lamb 矢量的旋度项，也被称为螺旋度的伴生量，并且 RCT 遵循 Biot – Savart 定律，也是涡的拟生成项。从图 6.12 中发现，RCT 分布情况几乎与涡旋分布一致，所以 RCT 项对 TLV 的生长发育起到积极作用。在 $T=0\text{ms}$ 到 $T=6.70\text{ms}$ 时间内，纯水工况下流道内的 RCT 值随时间变化持续减少，在这段时间内 TLV 涡结构以及刚性涡量逐渐减少，即涡的生长动力显著降低。而在 $[6.70\text{ms}, 20.02\text{ms}]$ 时间段内，流道内截面 1～截面 6 从吸力面到相邻叶片压力面，RCT 值逐渐增加，并且随时间的演变趋势与三维涡旋结构一致。气液两相工况在相同时间和相同位置处的 RCT 值明显增加，这意味着气相的存在加强了叶轮流道内涡旋的生长动力。此外，气液两相工况下吸力面附近的 RCT 值较高，这也是主流涡在含气率 10% 的流道内出现的诱因。

　　叶轮流道内刚性涡量输运方程中 ROT 项的瞬态演化如图 6.13 所示，可以发现 ROT 在间隙流以及剪切层的变化不大，其随时间的变化主要发生在主泄漏

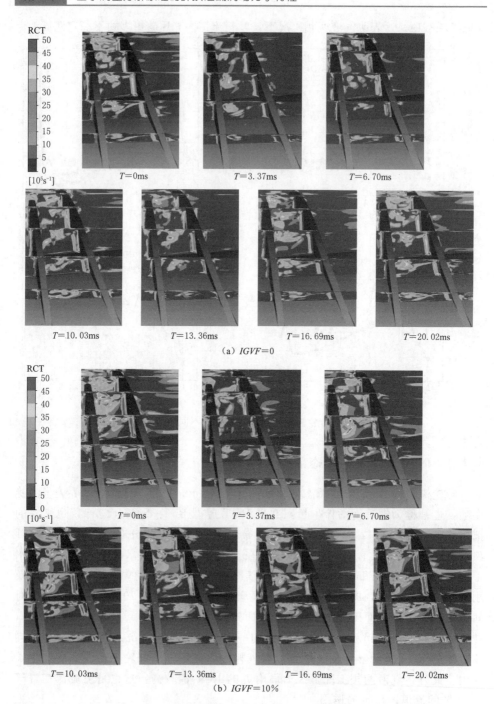

（a）$IGVF=0$

（b）$IGVF=10\%$

图 6.12　刚性涡量输运方程中 RCT 项的瞬态变化

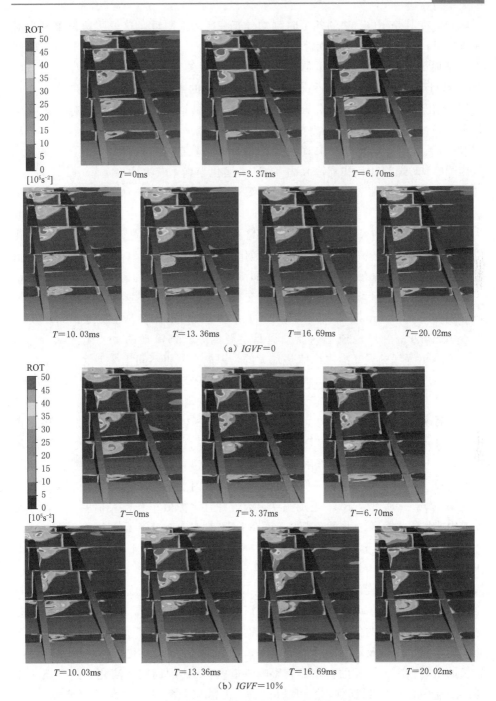

（a）*IGVF*＝0

（b）*IGVF*＝10%

图 6.13　刚性涡量输运方程中 ROT 项的瞬态变化

涡区域，尤其是 ROT 项的各个时刻均分布在压力面附近，这说明科里奥利力对流道中 TLV 的维持起到了重要作用。纯水工况下，在 [0ms，20.02ms] 时间内，截面 1 和截面 2 的 ROT 值与 PTLV 的 A 段的变化趋势一致，截面 3～截面 6 处 ROT 值随时间变化的趋势大致与 PTLV 的 B 段的变化趋势一致，并且 ROT 值相对较大。气液两相工况下，不同时刻截面处的 ROT 值较纯水工况变化不明显，PTLV 的 B 段刚性涡量相对较大，这一点受 ROT 值影响较大，并且 ROT 值随时间演化的过程中其演变趋势、形态轨迹与 TLV 相当吻合。因此可认为 ROT 对螺旋叶片式混输泵内 TLV 的演化起到了较大的稳定作用。

叶轮流道内 RVT 项的瞬态演化如图 6.14 所示，RVT 为耗散项，其耗散包括介质黏度耗散以及湍流黏度耗散，在水力旋转机械中，主要以湍流黏度耗散为主。从图 6.14 中可以看出，纯水工况下高 RVT 值区域主要分布在间隙位置以及剪切层中，在整个周期演化中其变化并不大，流道内其余位置的耗散项相对很小。在气液两相工况下，$T=0$ms 时刻截面 3、截面 4 压力面中间位置出现了局部 RVT 聚集区域，并且随时间呈交替增减的趋势，这两处的 RVT 聚集区域分别在 $T=6.70$ms、$T=13.36$ms、$T=20.02$ms 时刻蔓延至流道中间区域。

由此可见，在叶轮流道内泄漏涡是主要的不稳定流动的主要组成部分，而 RCT 项在泄漏涡的涡动力占比值是最大的。因此，分析不同工况下涡旋生成项与混输泵性能的影响规律，对揭示混输泵内涡旋的研究有着很大的工程意义和价值。不同含气率下叶轮流道内 RCT、熵产值以及水力效率值如图 6.15 所示。从图 6.15 中可以看出，RCT 随含气率的变化趋势逐渐增加，从纯水到含气率为 20% 过程中，RCT 值增加了 $4.8 \times 10^6 \text{s}^{-2}$，熵产值增加了 75.55%，水力效率降低了 16.29%。从图 6.15 中还可以看出，从在含气率为 0～10% 时，涡旋生成项 RCT 值变化较小，此时水力效率降低较小，叶轮流道内能量损失增加幅度较小，而从含气率 10%～20% 时，RCT 增加幅度很大，并且水力效率开始大幅度下降，叶轮流道内能量损失也随之大幅度增加，说明 RCT 是水力效率降低的主要原因之一。

综上分析，TLV 的刚性涡量输运方程中 RST 项、RVT 项对涡旋的贡献小于其余两项，刚性涡量是从涡量提取出来的伽利略不变量，因此纯拉伸以及耗散项并不是引起涡旋演化的主要原因。RCT 作为 TLV 生成项，其演化分布与刚性涡量基本一致，因此认为 RCT 对 TLV 生长做出的贡献最大，ROT 则是对主泄漏涡起到稳定的作用。此外，气相的存在极大地增加了 RCT 项，使得 TLV 在演化中涡尺度以及涡旋强度显著增加，这也是气液两相工况下 TLV 存在时间较长的主要原因。气相的存在显著影响流道内 TLV 的周期性演化，这一点从非定常变化中也可以观察到泄漏涡的分裂、消散以及复现。在增压单元流场中，流动的不稳定性会恶化流态，并且随着泄漏涡的生成，叶轮流道内能量损失逐渐增加，螺旋叶片式混输泵水力性能也随之降低。

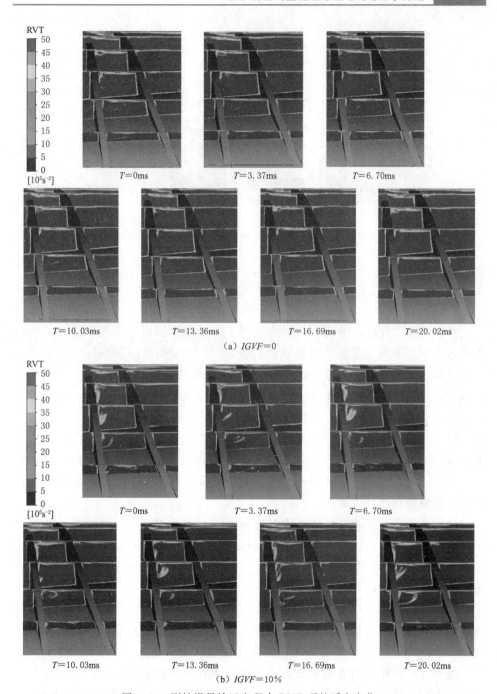

（a）*IGVF*＝0

（b）*IGVF*＝10%

图 6.14　刚性涡量输运方程中 RVT 项的瞬态变化

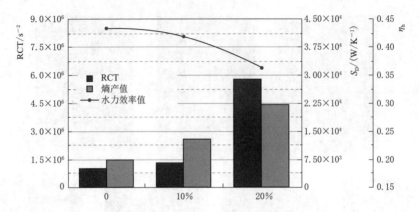

图 6.15　不同含气率下叶轮流道内 RCT、熵产值以及水力效率值

6.5　本 章 小 结

本章对螺旋叶片式混输泵内涡流进行了实验和数值研究，重点研究了叶顶泄漏涡（TLV）的分布特性和涡动力学特性，系统地揭示了气相对 TLV 形态轨迹以及瞬态演化的影响，通过泄漏流压差系数与速度系数的关联以及 TLV 的刚性涡量输运机理，分析了 TLV 的瞬态演化特性，总结了涡动力特性与螺旋叶片式混输泵性能的关联特性。本章所得结论总结如下：

（1）叶顶泄漏涡是间隙射流经剪切层流过并与主流汇聚相互卷吸形成的，基于 Liutex 方法发现，叶顶泄漏涡主要以主泄漏涡、次泄漏涡、尾涡等形态存在，相较于纯水工况，气液两相工况流场内涡旋急剧增加，尤其是次泄漏涡以及主泄漏涡脱落段最为明显。

（2）本章通过螺旋叶片式混输泵叶顶间隙两侧压差系数以及泄漏流速度的频域和时域特性发现，叶顶间隙压差与间隙射流速度存在相互促进和制约，这也是 TLV 呈周期性波动的原因。同时，气相的存在显著增加了叶顶泄漏流压差系数以及速度系数的低频扰动。

（3）基于涡量分解原理对 TLV 的三维演变进行非定常计算，模拟结果很好地预测了叶顶泄漏涡流的演变，这与受压差驱动的泄漏速度变化一致。纯水工况下，TLV 在一个叶轮旋转周期内的演化主要分为两个分裂—消散—复现的阶段，并且以叶片吸力面前缘为分界点，泄漏涡往复地发生增长和消散。在气液两相工况中，由于气相的存在，流道内叶顶泄漏涡的尺度和数量均明显增加，且气相也延长了泄漏涡存在的时间。

（4）叶顶泄漏涡核的刚性涡量可直接反应涡旋的强度，随着刚性涡量的增加，泄漏涡尺度也随之增加。又通过刚性涡量输运方程发现，涡旋生成项对 TLV 涡旋起主导作用，科氏力对 TLV 起到稳定作用，耗散项和涡旋拉伸项对 TLV 刚性涡旋的改变相对较小。而气相的存在，显著增大了涡旋生成项，导致叶顶泄漏涡增加。此外，当含气率从 0 增加到 20％时，RCT 值增加了 $4.8 \times 10^6 \ \mathrm{s}^{-2}$，熵产值增加了 75.55％，水力效率降低了 16.29％。叶顶泄漏涡的涡动力分析有效地反映出不稳定涡流对混输泵性能的影响。

第 7 章　基于二次流控制理论的叶顶泄漏涡失稳特性

通过第 6 章分析得知,螺旋叶片式混输泵叶轮流道内涡旋种类繁多复杂,但其主要涡旋仍然是叶顶泄漏涡,尤其是在气液两相条件下,其涡旋分布及其演化更是复杂难以预测。本章将基于二次流动诊断理论对螺旋叶片式混输泵内涡流产生的深层次原因展开研究。

7.1　叶顶泄漏涡的结构特性

7.1.1　叶顶泄漏涡结构

从第 6 章的刚性涡量分布中发现,叶顶泄漏涡被划分为主泄漏涡和次泄漏涡以及前缘涡和尾涡,但这不能有效地解释长包角叶轮流道内的泄漏涡结构。因此,为了更详细、更准确地分析叶顶泄漏涡的结构特性,本节将创新地提出一个概念,即对叶顶泄漏涡的组成部分进行重新解剖式分析。

螺旋叶片式混输泵($IGVF = 10\%$)叶轮单流道内的叶顶泄漏涡分布如图 7.1 所示。从图 7.1 中可以看出,叶顶泄漏涡分布的情况是:从叶片前缘吸力面到相邻叶片压力面中间区域,其中主要分布在靠近轮缘的区域。在流道进口附近的泄漏涡,称为前泄漏涡,在相邻叶片压力面前缘(LE)附近的泄漏涡称为中泄漏涡,在压力面中间区域的泄漏涡称为后泄漏涡。从图 7.1 中还可以发现,泄漏涡在叶片前缘附近出现了失稳区域(A 区域和 B 区域),即在 A 区域的涡管存在断裂的趋势,B 区域出现了明显的涡脱落现象。此外,通过单流道内泄漏涡的分布轨迹发现,泄漏涡的三个组成部分稳定性依次递减,尤其是从主泄漏涡到后泄漏涡,涡尺度逐渐增大,并在压力面中间位置开始脱落消散。

由此可见,在混输泵这种独特的狭长流道中,叶顶泄漏涡出现了独特的断裂式分布结构,以泄漏涡断裂点为分界点,区分出前泄漏涡和中泄漏涡,而在泄漏涡尾端以泄漏涡开始出现脱落点为分界点,区分中泄漏涡和后泄漏涡。这种对主泄漏涡进行新的定义,有助于探索叶顶泄漏涡的生长—消散—复现的机制,并进一步分析这种机制对泵的能量损失以及性能影响。

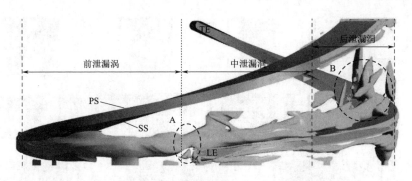

图 7.1　叶顶泄漏涡的分布（$IGVF=10\%$）

7.1.2　叶顶泄漏涡断裂区域

通过上述分析可知，泄漏涡存在两处失稳区域，造成这种现象的原因与长包角式的螺旋式叶片构造有关，因此，混输泵流道内出现了结构较为独特的叶顶泄漏涡。出于探究泄漏涡出现断裂以及失稳的原因，本节将对泄漏涡的涡核轨迹分布进行深入分析。

叶顶泄漏涡的涡核扩散分布轨迹如图 7.2 所示。从图 7.2 中可以看出，在前泄漏涡中，涡核处的刚性涡量沿涡线递减，且涡旋尺度逐渐增加，前泄漏涡的尾端涡核处的涡旋强度达到最低，该位置处于泄漏涡的断裂区域。在叶片前缘的吸力面处，涡旋强度达到了最高峰值，泄漏涡核心位置的涡旋强度沿着涡线轨迹逐渐减少，在后泄漏涡区域，各个截面的刚性涡量逐渐减少，且分散在流道后半段。此外，还可以从图 7.2 中看出，间隙射流与主流形成的涡旋分别在 S_2 流面和 S_6 流面经历一次刚性涡量峰值，而在 S_4 流面出现一个刚性涡量低峰值，这也是泄漏涡失稳的重要原因。从 $S_1 \sim S_4$，泄漏涡的涡旋强度先增后减，尤其是 S_4 流面，泄漏涡涡尺度扩散而强度下降到低峰值，此时泄漏涡已经无法维持，进而出现断裂现象。但是在 S_5 流面时，泄漏涡强度受相邻叶片的流线影响，在此刻出现了泄漏涡增强的趋势，并在 S_6 流面达到了高峰值。在 $S_6 \sim S_8$，泄漏涡逐渐向出口方向扩散，此时泄漏涡的涡旋强度逐渐降低，尤其是在 S_8 流面时泄漏涡涡尺度大幅度扩散，涡旋强度大幅度减小。后泄漏涡区域内，刚性涡量降低很多，S_9 流面右侧为叶片压力面尾缘处，此时由于动静干涉引起的涡旋融合导致流线较为密集，但刚性涡量仍然较低。随着 $S_9 \sim S_{11}$，流线在叶轮出口处出现了较大程度的紊乱，尾涡在动静交界面严重影响着流态。

7.1.3　叶顶泄漏涡与周向速度分布

基于上述分析可知，在叶轮流道内泄漏涡分强弱涡流，其中由于泄漏涡在

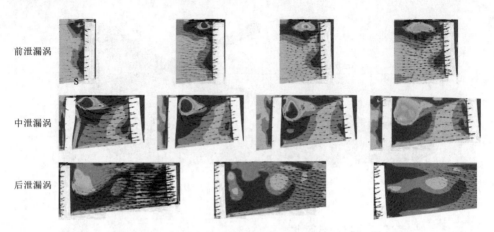

前泄漏涡

中泄漏涡

后泄漏涡

图 7.2　泄漏涡的涡核扩散分布轨迹（$IGVF=10\%$）

流道内涡旋强度分布不均，使得其结构较为特殊，且存在明显的失稳断裂点。为了详细分析这种失稳断裂点的原因，本节提出推论分析。

　　叶顶泄漏涡从形成到扩散的流程示意图如图 7.3 所示，将涡旋从二维再到三维进行一个简单的建模分析。一般来说，在旋转机械流道内，涡旋的形成受周向和轴向方向的速度影响，或者说，其成型与这两个方向的速度息息相关。因此，在螺旋叶片式混输泵叶轮流道内，泄漏涡是由速度梯度引起的涡流，由于叶轮的旋转效应，周向速度使得涡流在流道内快速扩散，形成了长条状的叶顶泄漏涡。由此可以先提出一个推论，周向速度对泄漏涡的形成以及扩散起到很重要的作用。

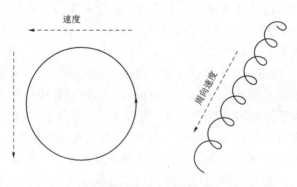

图 7.3　叶顶泄漏涡从形成到扩散的流程示意图

　　叶顶泄漏涡与 $r^*=0.8$ 截面处周向速度的分布如图 7.4 所示。从图 7.4 中可以看出，泄漏涡分布与周向速度梯度变化的分布趋势一致。在前泄漏涡所在区域内，流道内周向速度从两端向中间减少，出现了明显的条状速度梯度带，这与前泄漏涡的分布一致。

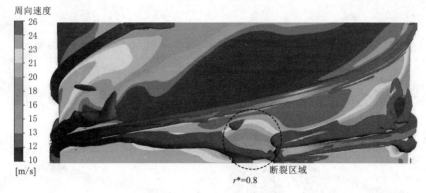

图 7.4　叶顶泄漏涡与周向速度的分布

7.2　叶顶泄漏涡 "形成–破碎–复现" 机理

为了进一步验证上述推论，在涡量分解原理的基础上，对刚性涡量进行一个数值上的划分，经过数值计算发现，涡旋中心区域的刚性涡量很大，称为强涡流（strength vortex flow），强度适中的涡流称为中涡流（middle vortex flow），而弱涡流（weak vortex flow）是涡旋的外围区域，是涡旋中强度最弱的一部分。这里由张虎[98] 提出的涡类划分，即通过对刚性涡量等值面的阈值选取，实现强弱涡流的识别。这种阈值的划分是对涡流组成部分进行的一种分类，本节将通过这种对涡强度分类的方法，揭示螺旋叶片式混输泵内叶顶泄漏涡 "失稳—破碎—脱落" 的深层次原因。

7.2.1　叶顶泄漏涡区域强涡与弱涡

纯水工况下螺旋叶片式混输泵内涡流分布情况如图 7.5 所示，其中包括强涡流、中涡流（middle vortex flow）以及弱涡流，为了便于研究泄漏涡的运动轨迹，抽取了泄漏涡的涡轴线上的十个涡核点，将其命名为 $P_1 \sim P_{10}$。从图 7.5 中可以看出，前泄漏涡以及主泄漏涡的主要成分为 SVF，后泄漏涡主要成分为 WVF。在螺旋叶片式混输泵流道内，前泄漏涡与主泄漏涡交接位置处的刚性涡量出现了一个低峰值，该区域理论上讲很容易出现涡旋的耗散，因此认定为泄漏涡的第一个断裂点。在后泄漏涡区域，出现了明显的涡脱落现象，气相的存在使得涡脱落的规模显著增大。因此，泄漏涡存在两个主要的涡流消散区域，且这两处区域的主要成分均为 WVF。

7.2.2　叶顶泄漏涡失稳原因

为了进一步揭示螺旋叶片式混输泵内流动失稳的内在原因，将涡核点的周

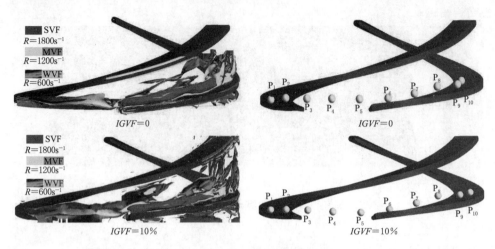

图 7.5　TLV 以及涡核轨迹分布

向速度与涡流分布进行直观对比，如图 7.6 所示。图 7.6 （a） 为纯水工况下泄漏涡与涡核的周向速度分布。从图 7.6 （a） 中发现，从 P_1 到 P_5，随着 SVF 的减少，涡轴上的周向速度也随之逐渐降低，尤其是 P_5 的周向速度降低到一个峰值，该点所在部分主要成分为 WVF，并且该区域为泄漏涡第一个失稳区域。与此规律相同的是，在 P_5～P_{10} 区间，涡核点的周向速度与 SVF 呈正相关。从图 7.6 （b） 可以发现，前泄漏涡、主泄漏涡区域的 MVF 区域明显增加，气相的存在使得泄漏涡涡轴上的周向速度变低，尤其是在前泄漏涡部分最为明显，前泄漏涡的周向速度梯度变化较小，也使得涡旋强度始终维持在一个相对稳定的状态。从 P_5 到 P_6 涡核所在周向速度梯度明显增加，与此同时，周向速度大幅度降低的起始点提前到 P_7，泄漏涡在 P_7 之后开始扩散，这也是气液两相条件下泄漏涡扩散较快的原因，特别是后泄漏涡的弱涡尺度明显增大，即气相加大了 P_5 和 P_{10} 所在失稳区域的涡旋尺度。

由此可见，在主泄漏涡区域内，随着流向的发展，周向速度的降低使得涡旋逐渐失稳，周向速度开始减少，泄漏涡也不断膨胀扩散，SVF 逐渐转化为 MVF 以及 WVF，最后在流道后段出现了涡流脱落的情况，气相使得 SVF 更多的转化为 WVF，增大了流道内涡流扰动。

7.2.3　强弱涡流的瞬态演化

纯水工况下与含气率 10％下混输泵流道内 TLV 的三维时空演变过程如图 7.7 所示。从图 7.7 中可以看出，泄漏涡在衰减-消散过程中，主泄漏涡与前泄漏涡的位置发生了很大变化。

本节以 $IGVF=10\%$ 的工况为例，重点分析流道内泄漏涡的瞬态演化过程，

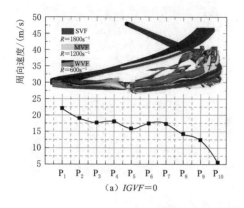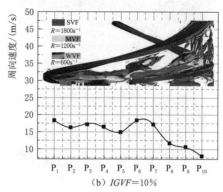

（a）*IGVF*=0　　　　　　　（b）*IGVF*=10%

图 7.6　TLV 与周向速度分布

图 7.7 为含气率为 10% 时混输泵流道内 TLV 的时空演变过程。从图 7.7 中可以看出，在 $[T_0+1/20T，T_0+4/20T]$，随着前泄漏涡的 SVF 与主泄漏涡的 SVF 分别向中间区域扩散，且这两处的强涡流区域均逐渐增加，极大地提高了卷吸周围流体的能力，这个阶段为前泄漏涡和主泄漏涡的增长阶段。与此同时，前泄漏涡的 SVF 与主泄漏涡的 SVF 向交界处的位置挤压，在 $T_0+4/20T$ 时刻，泄漏涡受到了强涡流的扭转，该区域出现失稳，并造成了泄漏涡的断裂。而在 $[T_0+4/20T，T_0+6/20T]$ 阶段，主泄漏涡的 SVF 逐渐转化为 MVF，在 $T_0+7/20T$ 时，前泄漏涡消散为细条状。在 $[T_0+5/20T，T_0+8/20T]$ 阶段，主泄漏涡中 MVF、SVF 先后减小，在 $T_0+8/20T$ 时消散殆尽。此外，在 $[T_0+1/20T，T_0+8/20T]$ 时刻，后泄漏涡的涡脱落现象逐渐减少，这主要是由于从主泄漏涡过渡到后泄漏涡时，SVF 急速减少所导致的。理论上讲，弱涡流会首先失稳，但由于弱涡流还来不及消散掉时，强涡流已经转化为弱涡流，导致出现一个现象：在一定的时间段内泄漏涡的强度降低，但其涡尺度逐渐增大。

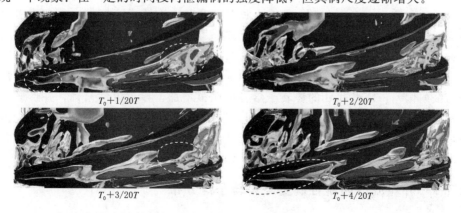

$T_0+1/20T$　　　　　　　　　$T_0+2/20T$

$T_0+3/20T$　　　　　　　　　$T_0+4/20T$

图 7.7（一）　气液两相条件下 TLV 的非定常演化（*IGVF*=10%）

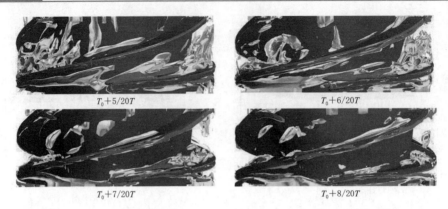

$T_0+5/20T$ $T_0+6/20T$

$T_0+7/20T$ $T_0+8/20T$

图 7.7（二） 气液两相条件下 TLV 的非定常演化（$IGVF=10\%$）

7.3 螺旋叶片式混输泵内二次流动机制

7.3.1 叶片表面的势转子焓分布

螺旋叶片式混输泵叶片表面的势转子焓（PRG）分布如图 7.8 所示，根据公式得知，势转子焓梯度是控制叶轮内相对运动的主要动力，在理想条件下，势转子焓 I_p 的等值线应当与流线 $V_r \times ds = 0$，当叶片表面的 I_p 的等值线与叶片几何型线的贴合度较高时，流道内不易产生二次流。从图 7.8 中可以看出，叶片吸力面的势转子焓梯度明显低于叶片压力面，并且吸力面的 I_p 等值线与叶型更加贴合，这也解释了在泄漏涡断裂点后压力面处主泄漏涡的涡旋强度迅速增加的原因。与此同时，叶片前缘和尾缘的 I_p 等值线与叶型差异也比较大，可见叶片安放角以及叶型等参数的控制对流动控制影响很大。

本节以含气率 10％条件下叶片吸力面和压力面的势转子焓分布为例，从图 7.8 （b）和图 7.8 （d）发现，Part Ⅰ 和 Part Ⅱ 是二次流发生区域（比如尾涡等涡流），在叶片尾缘的位置，势转子焓等值线与叶片形状出现明显的角度，形成了典型的势转子焓梯度，此时容易诱发二次流。图 7.8 （e）和图 7.8 （f）分别为 Part Ⅰ 和 Part Ⅱ 的放大显示图，可以看出，在吸力面尾缘处时，由于安放角与流线的偏差，使得此处的势转子焓梯度明显增加，导致流动紊乱，并形成了多处涡流，而在叶片尾缘压力面处的 I_p 等值线与叶片轮廓吻合度相对较高，该区域的涡流也随之减少。因此叶型的设计深刻影响着流动的稳定性，对于控制泄漏涡等二次流来说，建立二者之间的关联特性迫在眉睫。

7.3.2 叶轮流道内刚性涡量与势转子焓分布

叶顶泄漏涡与 PRG 分布如图 7.9 所示。前泄漏涡、主泄漏涡以及后泄漏涡

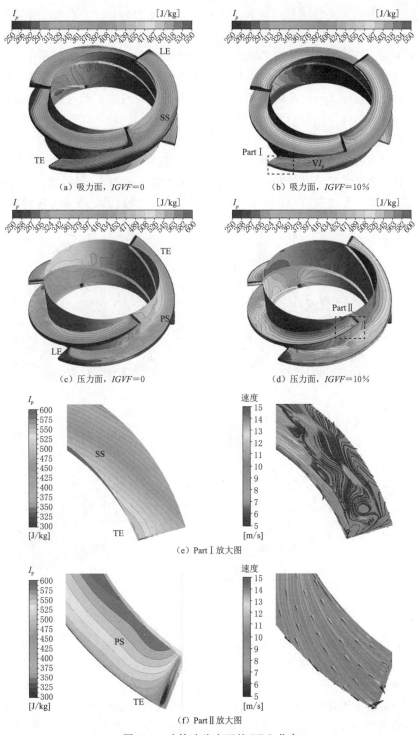

（a）吸力面，*IGVF*＝0

（b）吸力面，*IGVF*＝10%

（c）压力面，*IGVF*＝0

（d）压力面，*IGVF*＝10%

（e）Part Ⅰ 放大图

（f）Part Ⅱ 放大图

图 7.8　叶轮叶片表面的 PRG 分布

所在的区域为主要失稳区域，这几处的吸力面和压力面的 I_p 等值线明显偏离叶型，这也是泄漏涡失稳的重要原因。从图 7.9（a）和图 7.9（b）中可以看出，在叶顶泄漏涡运行轨迹中，叶顶泄漏涡中前泄漏涡部分的起始位置为叶片吸力面前缘处，这与势转子焓（I_p）等值线开始偏转的位置重合，且该处的势转子焓梯度较高。在叶片前缘其余位置的 I_p 等值线分布良好，而与之相对应位置附近的涡分布很少，这表明叶片叶型的设计对叶片前缘吸力面的流动控制较好。从图 7.9（c）和图 7.9（d）中可以看出，在叶片压力面附近出现了严重的势转子焓等值线偏折现象，同时该处位置分布也与主泄漏涡分布一致。随着叶顶处势转子焓等值线与叶片型状逐渐发生偏转时，泄漏涡开始成型并逐渐向流道内扩散，而当势转子焓等值线在叶片后半段慢慢与叶片轮廓线趋于平行时，泄漏涡耗散为无数细小涡团。

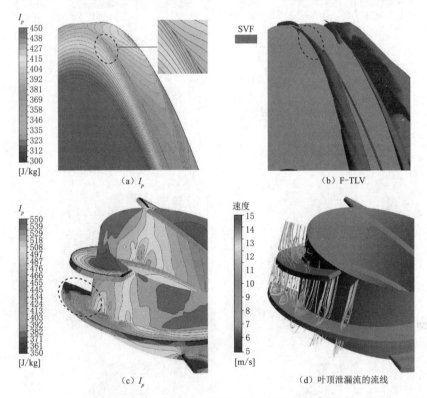

图 7.9　叶顶泄漏涡与 PRG 分布（$IGVF=10\%$）

由此可见，势转子焓等值线偏高或与叶型偏折角度较大时，容易诱发涡旋，此时控制流动的是势转子焓梯度对流体影响力变大，这也是叶顶泄漏涡诱发的主要原因。

螺旋叶片式混输泵叶轮叶片的设计与流道内涡旋的运行轨迹息息相关，二者之间的密切联系，也充分验证了势转子焓理论与二次流诊断理论在螺旋叶片式混输泵上的成功应用。通过势转子焓的等值线分布得出叶型与不稳定流动的关联性，这将为以后螺旋叶片式混输泵的优化提供有效的工程价值。

7.3.3 叶轮流道内涡旋演化与 SI 演化

纯水工况和气液两相工况下泄漏涡与诊断流动稳定性的函数值 SI 值的瞬态演化分布如图 7.10 所示，SI 值为 PRG 与科里奥利力的比值，其值大小可直观反映流动稳定性。从图 7.10 中可以发现，叶片表面的 SI 值与流道内涡旋的时空演变规律一致，时间段 [0.414s，0.42s] 为泄漏涡发育增长阶段，主泄漏涡逐渐增大，相邻叶片的 SI 值也随之增大，二者共同向出口方向蔓延，尤其是在 $T=0.42s$ 时刻，后泄漏涡扩散为螺旋状且分布在流道后段。从图 7.10 中还可以发现，气液两相工况下，叶片前缘吸力面附近的泄漏涡与 SI 明显增加，气相的存在使得进口处的失稳区域增加，增加了泄漏涡的尺度，同时气相也加速了流道内涡旋的扩散速度，尤其是在 $T=0.42s$ 时，含气工况时流道内涡旋脱落显著增加。虽然气相在一定程度上加剧了流道内的二次流，但是在叶片后半段的 SI 值变化不明显，由此可见，在设计流量工况下，螺旋叶片式混输泵的长包角螺旋式叶片对于气液多相流的适应性较强，能有效控制多相介质下的涡扩散。

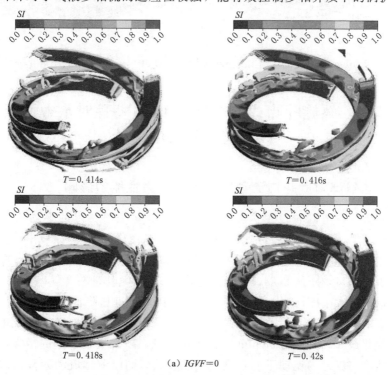

图 7.10（一） 气液两相工况下的泄漏涡（MVF）与 SI 值的瞬态演化分布

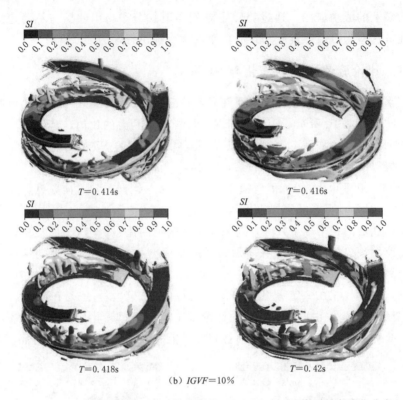

（b）IGVF＝10％

图 7.10（二）　气液两相工况下的泄漏涡（MVF）与 SI 值的瞬态演化分布

7.4　螺旋叶片式混输泵内 PRG 特性对水力性能以及能量损失的影响

7.4.1　含气率对叶轮内流动特性以及水力性能的影响

不同含气率下叶轮流道内湍流耗散率与势转子焓梯度的平均值分布如图 7.11 所示，以及混输泵进出口增压值的分布。从图 7.11 中可以看出，随着含气率从 0 增长到 20％时，湍流耗散率从 2332m²/s³ 增加到 7965m²/s³，螺旋叶片式混输泵进出口增压从 80640Pa 降低至 56135Pa。尤其是在含气率大于 10％时，势转子焓梯度大幅度增加，并且混输泵的增压性能迅速降低，当含气率从 15％增加到 20％时，螺旋叶片式混输泵内湍流耗散率与势转子焓梯度以及进出口压差值的变化最大，其值为 5890m/s²。由此可见，随着气相含量的增加，混输泵的增压能力与流道内流动不稳定现象关联较大，同时流体流动紊乱引起湍流耗散率增加，加剧了流道内能量损耗。

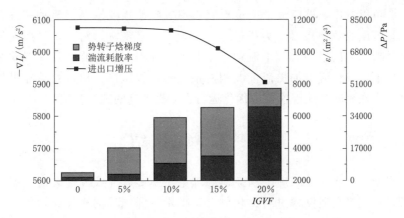

图 7.11　势转子焓梯度、湍流耗散率以及螺旋叶片式
混输泵进出口增压的分布

7.4.2　流量对叶轮内流动特性的影响

$IGVF=10\%$ 时不同流量下叶轮和导叶出口的 SI 值分布如图 7.12 所示。从图 7.12 中可以看出，随着流量从 $0.6Q$ 增加至 $1.0Q$，螺旋叶片式混输泵叶轮出口的 SI 值从 0.98 减少至 0.58，此时，流道内整体的二次回流逐渐减少。小流量 $0.6Q$ 时叶轮出口的 SI 平均值接近 1，这表明在极端工况下叶轮出口的流动均匀性较差，极容易诱发二次流等不稳定涡旋。此外，当进口流量由 $0.6Q$ 增加至 $1.0Q$ 时，叶轮出口的 SI 值逐渐降低至 0.59。在 $1.2Q$ 时，叶轮出口的 SI 值增加至 0.68，导叶出口的 SI 值减小至 0.52。当流量增加到 $1.4Q$ 流量时，叶轮出口处的 SI 值增加到 0.77，导叶出口的 SI 值增加到 0.6。

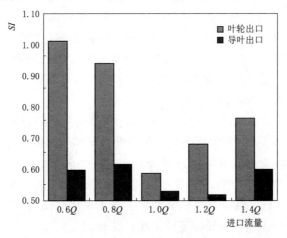

图 7.12　不同流量下叶轮和导叶出口处的 SI 值分布

由此可以看出，进口流量严重影响着螺旋叶片式混输泵内流动特性，通过调节流量可以有效地控制水力机械内部的流动。在实际运行中，二次流诊断理论可有效地识别出不同工况下流动稳定状态，并得知在螺旋叶片式混输泵气液两相条件下，设计流量的出流情况相对最稳定，增压单元出口的总能量损失最低，这也为螺旋叶片式混输泵的优化运行提供更准确的理论基础。

7.5　本章小结

本章通过二次流诊断理论和强弱涡理论对螺旋叶片式混输泵内流态进行深入分析，首先对主泄漏涡进行结构划分，揭示了泄漏涡的断裂失稳特性，然后对叶顶泄漏涡"形成-破碎-复现"的瞬态特性进行分析，揭示了叶顶泄漏涡结构失稳的原因，最后通过对运行工况的调节，揭示了螺旋叶片式混输泵内二次流特性对水力性能的影响规律，经过上述研究得出了以下主要结论：

（1）在设计流量下，叶顶泄漏涡在叶片前缘吸力面附近，出现了结构断裂现象，由此得出了"前泄漏涡-中泄漏涡-后泄漏涡"的结构特性。在叶轮流道内前泄漏涡的涡核轨迹上，涡旋强度逐渐递减，而在中泄漏涡的起始处，涡旋强度受相邻流道内射流的影响逐渐增大，扩散至流道中间位置即后泄漏涡阶段时，涡旋无法维持条状形态，进而出现耗散脱落现象，并提出推论，泄漏涡的扩散和断裂失稳特性受周向速度的影响。

（2）通过刚性涡量的强弱理论，探索叶顶泄漏涡的结构失稳原因。研究发现，泄漏涡的强涡部分主要在分布在叶前缘吸力面处，在过渡到相邻叶片压力面前缘时，强涡流卷吸扩散并转换为弱涡流，涡轴上周向速度随之降低，泄漏涡出现断裂情况，这验证了泄漏涡扩散与失稳特性受周向速度影响的推论。以含气率为 10%、设计流量工况的瞬态变化为例，发现前泄漏涡的强涡流与中泄漏涡的强涡流分别向中间位置挤压，是涡旋结构发生直接断裂的直接原因。泄漏涡从形成到扩散，并经历了反复的生灭周期演化，强、中强涡转化为弱涡流，而弱涡流来不及消散，导致流道内涡旋尺度不断扩大。本章通过强弱涡流的转化揭示了叶轮内涡旋的深层次演化规律。

（3）在螺旋叶片式混输泵叶轮流道内，叶片压力面处势转子焓梯度明显大于吸力面，容易诱发 P-S 形二次流，其中吸力面和压力面尾缘相比，势转子焓等值线与叶型的吻合度较高，通过对叶片表面的势转子焓分布可以准确地预测出泄漏涡的起始和发展位置。再者，在纯水工况和气液两相条件下，涡旋的演化分布与 SI 值分布一致，其中气液两相工况下涡旋强度与 SI 值明显较高，即通过势转子焓理论诊断出不稳定流动发生的位置。

（4）含气率加剧了流道内涡流扰动，当含气率从 0 增加到 20% 时，叶轮流

道内湍流耗散率从 $2332\mathrm{m}^2/\mathrm{s}^3$ 增加到 $7965\mathrm{m}^2/\mathrm{s}^3$，螺旋叶片式混输泵的进出口增压从 80640Pa 降低至 56135Pa。此外，随着进口流量从 $0.6Q$ 增加至 $0.8Q$ 时，叶轮出口的 SI 值从 1.03 减少至 0.58，从 $0.8Q$ 增加到 $1.0Q$ 流量时，叶轮出口和导叶出口 SI 值均逐渐降低，从 $1.0Q$ 增加到 $1.4Q$ 时，叶轮出口和导叶出口 SI 值分别增加到 0.77 和 0.6。

第8章 螺旋叶片式混输泵叶顶泄漏涡旋涡拟能耗散

在混输泵运行过程中，因叶顶间隙而产生的叶顶泄漏涡会引起不可忽略的水力损失。混输泵内的气液两相的流动形态较单相更为紊乱，叶顶间隙区域流动更为复杂，导致水力损失显著增加。大量学者的潜心研究已证实旋涡拟能耗散方法在定量分析旋涡能量损失方面具有较好的可靠性和准确性。但是，目前还缺乏对螺旋叶片式混输泵气液两相工况下叶顶泄漏涡旋涡拟能耗散的系统研究。因此，本章采用旋涡拟能耗散理论对螺旋叶片式混输泵内叶顶泄漏涡的旋涡拟能耗散进行定量研究，并将纯水工况与含气率工况进行对比分析，进一步总结了气相对叶顶泄漏涡旋涡拟能耗散的影响规律。

8.1 叶轮流道内旋涡拟能耗散

8.1.1 主泄漏涡轨迹上旋涡拟能耗散

为研究螺旋叶片式混输泵叶顶泄漏涡的运动轨迹，对螺旋叶片式混输泵进行定常计算。纯水和含气率10%工况下叶顶泄漏涡的运动轨迹和三维流线分别如图8.1和图8.2所示。叶顶泄漏涡的旋涡等值面采用Q_c准则（$Q_c=1.5\times10^6\ s^{-1}$）并标注涡核$A_1\sim A_{15}$。同时在主泄漏涡运动轨迹区域均匀布置15个截面，依次命名为$S_1\sim S_{15}$，如图8.1（a）、图8.2（a）所示。为了直观清晰地展示叶顶区域流体的三维流动形态，特地在叶顶与泵体壁面之间流道内添加一条线段，其从叶片前缘延伸至叶片尾缘。以此线段释放三维流线，分别如图8.1（b）、图8.2（b）所示。

由图8.1（a）和图8.2（a）可知，在螺旋叶片式混输泵运行过程中，由于叶顶两侧的压差作用和叶顶与泵体壁面的相对运动产生叶顶泄漏流，其与主流掺混形成了叶顶泄漏涡，主要划分为前缘涡、叶顶分离涡、次泄漏涡、主泄漏涡和尾缘涡。将纯水工况与含气率10%工况对比分析，发现气相的存在使得叶顶泄漏涡尺度增大，形态更为紊乱。气相明显地增大了主泄漏涡与叶片的夹角，其由9.6°增大至10.1°。特别地，气相改变了次泄漏涡的形态，由连续的带状结构变为分散的条状结构，增强了次泄漏涡与主泄漏涡的卷吸效应。由图8.1（b）和图8.2（b）可知，在叶片前缘处叶顶的压差对流体流速的阻碍作用较小，所以流体沿着主流方向流动。随着叶顶前后压差增大，在叶顶区域逐渐形成泄漏流。将纯水工况与含气率10％工况对比分析，发现气相的存在降低了液相流速。这是因为气相在液相中的运动受到曳力，同时液相受到气相的相间阻力的影响，因此液相流速降低。此外，纯水工况下主泄漏涡的起始点为29.35％α（α为叶片的包角），而含气率10％工况的值为24.83％α，表明气相使得主泄漏涡的起始点向前缘移动。因为在叶片前缘液相流速降低，而叶顶前后压差无明显变化，所以主泄漏涡的起始点产生在较小的叶顶压差处。

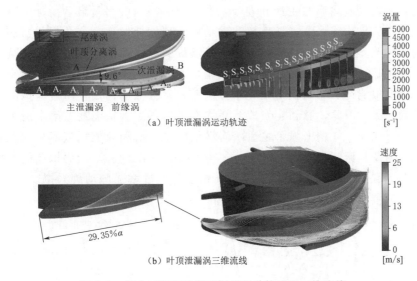

图 8.1　纯水工况下叶顶泄漏涡运动轨迹和三维流线

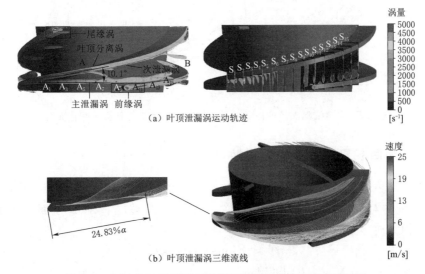

图 8.2　含气率10％工况下叶顶泄漏涡运动轨迹和三维流线

为了定量研究沿主泄漏涡运动轨迹的能量耗散规律，绘制主泄漏涡涡核（$A_1 \sim A_{15}$）的涡量、平均旋涡拟能耗散率 Φ_{ave} 和脉动旋涡拟能耗散率 Φ_{ful} 变化曲线，如图 8.3 所示。由图 8.3 可知，沿着主泄漏涡运动轨迹，主泄漏涡涡核（$A_1 \sim A_{15}$）的涡量整体呈现逐渐减小的趋势，而在 $A_8 \sim A_{12}$ 涡量有小幅度的增加。这是因为次泄漏涡与主泄漏涡在相邻叶片前缘处发生卷吸，增大了主泄漏涡的涡量。还发现含气率 10% 工况的涡量小于纯水工况，仅在 $A_8 \sim A_{12}$ 大于纯水工况。这一现象表明气相使得主泄漏涡涡核涡量减少，而气相增强了次泄漏涡的涡量，次泄漏涡与主泄漏卷吸，致使主泄漏涡的涡量显著增加。同时主泄漏涡涡核的平均旋涡拟能耗散率和脉动旋涡拟能耗散率的变化规律与涡量的变化密切相关。平均旋涡拟能耗散率和脉动旋涡拟能耗散率都呈现振荡减小的趋势，可是脉动旋涡拟能耗散率的振荡幅度明显大于平均旋涡拟能耗散率，表明脉动旋涡拟能耗散率对涡量变化十分敏感，且耗散率高出平均旋涡拟能耗散率两个数量级。因此，脉动旋涡拟能耗散率是体积旋涡拟能耗散率中最主要的耗散形式。此外，气相增强了主泄漏涡涡核的平均旋涡拟能耗散率和脉动旋涡拟能耗散率及其振荡强度。特别地，含气率 10% 工况的脉动旋涡拟能耗散率最大值（A_9）是纯水工况的 3 倍，表明气相主要通过增强脉动旋涡拟能耗散率，从而增大了主泄漏涡运动轨迹上的水力损失。

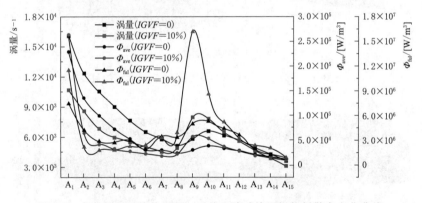

图 8.3　主泄漏涡涡核的涡量、平均和脉动旋涡拟能耗散率变化曲线

8.1.2　周向涡量与旋涡拟能耗散

为研究主泄漏涡运动轨迹上涡量与旋涡拟能耗散的内在关联，定义周向涡量 Ω_c，周向对应叶轮圆周的切向。周向涡量的方向平行于 XOZ 平面，垂直于叶轮径向方向，如图 8.4 所示。周向涡量的表达式为

$$\Omega_c = \Omega_y \sin\theta - \Omega_x \cos\theta \tag{8.1}$$

式中：Ω_x、Ω_y 为 X、Y 方向的涡量。

截面 $S_1 \sim S_{15}$ 的周向涡量 $\varOmega_c$ 和体积旋涡拟能耗散率 $\varPhi_k$ 分布分别如图 8.5 和图 8.6 所示。由图 8.5 可知，叶顶间隙区域产生了高速泄漏流，形成"射流-尾迹"流型。在纯水工况下，在截面 S_1 上主泄漏涡初次产生，此时周向涡量最大，而旋涡尺度最小。在叶顶也形成叶顶分离涡，其尺度仅占据叶顶区域 1/3。同时在泵体壁面形成较为微弱的反向旋涡。随着叶顶前后压差不断增大，截面 $S_3 \sim$ S_{11} 的叶顶射流不断增强，从而形成较长的尾迹区域。在此过程中，主泄漏涡逐渐向相邻叶片压力面运动，这个过程中周向涡量不断

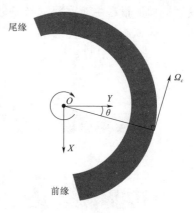

图 8.4　周向涡量示意图

减小，旋涡尺度逐渐增大。截面 S_{11} 的射流效应最强，主泄漏涡已经运动至相邻叶片压力面。此时泵体壁面的反向旋涡被主泄漏涡卷吸，开始脱离壁面，环绕主泄漏涡运动。由于叶顶前后压差逐渐减小，截面 $S_{13} \sim S_{15}$ 的射流效应减弱。同时主泄漏涡紧贴叶片压力面向下游运动，并诱导壁面产生反向旋涡。对比纯水工况，含气率 10% 工况的叶顶泄漏涡尺度更大，尾迹更为狭长，尤其是截面 $S_{13} \sim S_{15}$ 的尾迹贯穿整个流道。这是因为气相增强了次泄漏涡的周向涡量，改变了次泄漏涡的形态。同时因受到相邻叶顶间隙吸附作用，S_{15} 的壁面反向旋涡延伸至相邻叶顶间隙内。

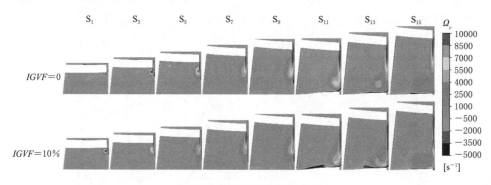

图 8.5　截面上周向涡量分布

由图 8.6 可知，沿叶顶泄漏涡运动轨迹，截面 $S_1 \sim S_{15}$ 的能量耗散分布与周向涡量分布密切相关。截面 $S_1 \sim S_{15}$ 的周向涡量较高的区域，体积旋涡拟能耗散率也较高。"射流-尾迹"区域表现出较高的体积旋涡拟能耗散率，表明叶顶分离涡和次泄漏涡消耗大部分能量。特别地，气相增强了叶顶泄漏涡尺度，也增大了叶顶泄漏涡的体积旋涡拟能耗散率，增加了叶轮内的水力损失。此外，还

发现周向涡量在主泄漏涡涡核处较高，而在以涡核为中心的圆周方向上逐渐减弱，而体积旋涡拟能耗散率则呈现相反的规律。

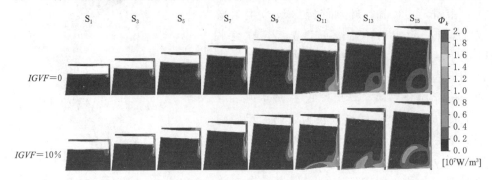

图 8.6　截面上体积旋涡拟能耗散率分布

为了定量分析沿主泄漏涡运动轨迹的各个截面（$S_1 \sim S_{15}$）的能量耗散规律，对截面 $S_1 \sim S_{15}$ 上体积旋涡拟能耗散率 Φ_k 和壁面旋涡拟能耗散率 Φ_{wall} 求面积平均，并绘制曲线，如图 8.7 所示。由图 8.7 可知，体积旋涡拟能耗散率和壁面旋涡拟能耗散率几乎呈现相同的变化规律，从截面 $S_1 \sim S_{10}$ 耗散率逐渐增强，而截面 $S_{11} \sim S_{15}$ 耗散率逐渐减弱。这样的现象可以解释为叶顶泄漏流因叶片压差作用产生，压差越大，泄漏流越强，从而体积旋涡拟能耗散率越大。同时，叶轮壁面为无滑移壁面条件，泄漏流越强，流速越快，剪切应力越强，壁面旋涡拟能耗散越强。体积旋涡拟能耗散率的值远大于壁面旋涡拟能耗散率，故体积旋涡拟能耗散是叶轮内最主要的旋涡拟能耗散形式。对比纯水工况，含气率 10%工况的体积旋涡拟能耗散率更高。因为气相的存在加剧了主流流场的紊乱，增强了叶顶泄漏涡尺度，增加了旋涡拟能耗散。

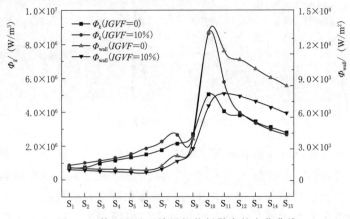

图 8.7　体积和壁面旋涡拟能耗散率的变化曲线

　　为了进一步分析造成这一现象的原因，特地绘制 $S_1 \sim S_{15}$ 的剪切应力和速度的面积平均变化曲线，如图 8.8 所示。由图 8.8 可知，壁面旋涡拟能耗散率与剪切应力和速度呈现正相关。沿主泄漏涡运动轨迹，各个截面上纯水工况与含气率 10% 工况的主流速度变化曲线几乎重合，表明速度对壁面旋涡拟能耗散率的影响可以忽略。然而，发现各个截面上含气率 10% 工况的剪切应力始终低于纯水工况。从截面 $S_1 \sim S_{10}$，两个工况的剪切应力差值（$\Delta\tau$）逐渐增大，S_{10} 的剪切应力差值达到最大值。由于气液两相的物理属性不同，尤其是气相的动力黏度远小于液相，而剪切应力与动力黏度成正比。因此，气相的存在降低了主流在壁面的剪切应力，减小了壁面旋涡拟能耗散。特别地，含气率 10% 工况的壁面旋涡拟能耗散率比纯水工况小。与纯水条件相比，当含气率为 10% 时，主泄漏涡的体积旋涡拟能耗散率增加了 20.97%，壁面旋涡拟能耗散率降低了 17.62%。

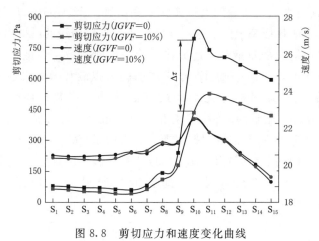

图 8.8　剪切应力和速度变化曲线

8.2　叶顶间隙与叶轮表面旋涡拟能耗散

8.2.1　叶顶间隙内旋涡拟能耗散

　　叶顶间隙区域是旋涡拟能耗散最强的区域，且体积旋涡拟能耗散占比最高。现定量研究叶顶间隙区域的体积旋涡拟能耗散率 Φ_k，以截面 S_7 的叶顶间隙区域为研究对象，作出其结构示意图，如图 8.9 所示。其中，L 表示叶顶间隙厚度，对叶顶间隙厚度进行归一化处理，即靠近压力面为 0，靠近吸力面为 1。h 表示叶顶间隙的高度，λ 表示叶顶间隙内某点至叶顶的距离，并利用 λ/h 对叶顶间隙高度进行归一化处理，即叶顶为 0，泵体壁面为 1。纯水工况和含气率 10% 工况的叶顶间隙区域体积旋涡拟能耗散率的分布曲线分别如图 8.10 和图 8.11 所示。

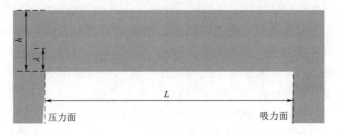

图 8.9　叶顶间隙示意图

由图 8.10 可知，由于叶片叶顶边缘为直角，叶顶泄漏流由于压差作用流入叶顶间隙区，在叶顶压力侧形成叶顶分离涡，导致较大的能量损失。所以靠近叶顶的两条曲线（$\lambda/h=0$、$\lambda/h=0.1$）体积旋涡拟能耗散率斜率最大，首先在 $0.1L$ 附近达到最大值，接着旋涡拟能耗散率出现下降；在 $0.2L$ 附近达到极小值，最后旋涡拟能耗散率上升。这一现象说明叶顶分离涡的涡核出现在 $0.2L$ 附近，因为涡核的周向涡量最高，造成体积旋涡拟能耗散率最低，而在以涡核为中心的圆周方向上周向涡量逐渐减小，体积旋涡拟能耗散率也逐渐增强。$[0,$ $0.6L]$ 区间是体积旋涡拟能耗散率最高的区域，这两条曲线（$\lambda/h=0.2$、$\lambda/h=0.3$）在 $0.3L$ 附近的旋涡拟能耗散率达到最大值，可划分出叶顶分离涡造成体积旋涡拟能耗散率较强的区域，即 $[0,0.6L]$ 和 $[\lambda/h=0\sim0.3]$。另外，发现靠近泵体壁面的曲线（$\lambda/h=1.0$）的体积旋涡拟能耗散率大于叶顶间隙中间的曲线（$\lambda/h=0.5\sim0.9$）。因为受到壁面剪切的影响，壁面附近产生小尺度旋涡，导致体积旋涡拟能耗散率较高。

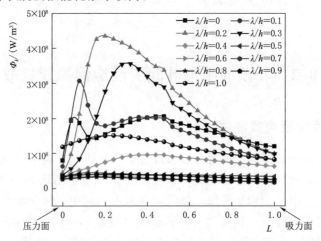

图 8.10　纯水工况下叶顶间隙区域体积旋涡拟能耗散率变化曲线

由图 8.11 可知，曲线（$\lambda/h=0$、$\lambda/h=0.1$）的体积旋涡拟能耗散率呈现先增加后减小的趋势，在 $0.1L$ 附近达到最大值，而后极小值出现在 $0.3L$ 附近。因此，可以确定叶顶分离的涡核在 $0.3L$ 附近。这两条曲线（$\lambda/h=0.2$、$\lambda/h=0.3$）的变化规律很特殊。首先，$\lambda/h=0.2$ 的旋涡拟能耗散率最大值出现在 $0.2L$ 附近，随后逐渐减小，可是在 $0.8L$ 开始显著增加。其次，$\lambda/h=0.2$ 的旋涡拟能耗散率呈现逐渐增加的趋势。因为气相与液相的物理属性差异，而且气液两相存在速度差，造成主流较为紊乱，诱导出现小尺度旋涡。因此，叶顶间隙内的体积旋涡拟能耗散率分布发生改变。此外，同样受到壁面剪切层的影响，对比叶顶间隙中间的曲线（$\lambda/h=0.5\sim0.9$），$\lambda/h=1.0$ 的体积旋涡拟能耗散率较高。在纯水条件下，叶顶间隙的平均体积旋涡拟能耗散率为 $5.32\times10^7\,\mathrm{W/m^3}$，当含气率为 10% 时，其体积旋涡拟能耗散率增加 86.84%，即 $9.94\times10^7\,\mathrm{W/m^3}$。综上所述，叶顶间隙内体积旋涡拟能耗散率的分布与叶顶分离涡分布密切相关，气相扰乱了叶顶间隙内的流动形态，进而增强了叶顶间隙区域的旋涡拟能耗散。

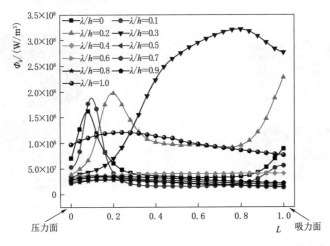

图 8.11　含气率 10% 工况下叶顶间隙区域体积旋涡拟能耗散率变化曲线

8.2.2　叶轮表面上旋涡拟能耗散

为了研究叶轮壁面旋涡拟能耗散规律，在叶轮轮毂、叶片和泵体壁面上展示壁面旋涡拟能耗散率 Φ_{wall}，如图 8.12 所示。由图 8.12 可知，沿着主流流动方向，轮毂的壁面旋涡拟能耗散率逐渐减小，仅在叶片前缘附近区域显著增加，这与形成的前缘涡有关。沿着前缘到尾缘方向，叶片压力面的耗散率呈现为"两端高、中间低"。因为叶片压力面中部的流体流动特性良好，所以旋涡拟能耗散较低，而叶片两端形成的前缘涡和尾缘涡均能增强旋涡拟能耗散。沿着叶顶到轮毂方向，叶片吸力面的旋涡拟能耗散率逐渐降低，尤其是在叶片吸力面中部靠近叶顶侧旋涡拟能耗散率最高。此处叶顶前后压差最大，高速泄漏流射出叶顶间隙在叶片吸力面形成诱导涡，所以壁面旋涡拟能耗散率较高。特别地，气相的存在显著降低了叶片的壁面旋涡拟能耗散率。气相大幅度降低了前缘和尾缘的高耗散率区域，明显地扩大了叶片压力面中部和压力吸力面尾部的低耗散率区域。高速泄漏流射出叶顶间隙区域，形成"射流-尾迹"流型，因此在泵体壁面形成反向的小尺度诱导涡。叶顶前后压差越大，射流强度越强，诱导涡的涡量和尺度越大，从而壁面旋涡拟能耗散率越高。所以，壁面旋涡拟能耗散率与射流强度密切相关。气相的存在使得泄漏流更加紊乱，形成了复杂的叶顶泄漏涡形态，增大了泵体壁面旋涡耗散率的紊乱程度。在纯水条件下，平均壁面旋涡拟能耗散率为 $1.73 \times 10^4\,\mathrm{W/m^2}$，当含气率为 10% 时，壁面旋涡拟能耗散率降低 17.34%，即 $1.43 \times 10^4\,\mathrm{W/m^2}$。综上所述，壁面旋涡拟能耗散率的分布与叶顶泄漏涡的涡量和尺度密切相关，同时气相的存在有利于降低壁面旋涡拟能耗散。

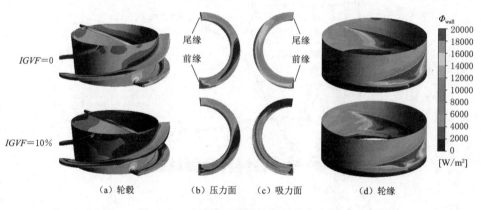

图 8.12　叶轮壁面旋涡拟能耗散率分布

8.3　叶顶泄漏涡时空演变中旋涡拟能耗散

8.3.1　二维时空演变中旋涡拟能耗散

为了进一步研究叶顶泄漏涡时空演变过程中的旋涡拟能耗散规律，本节对螺旋叶片式混输泵进行非定常计算。首先研究叶顶泄漏涡二维时空演变的非定常发展过程，探究旋涡拟能耗散规律。轴面上 E 区域记录了 $[T_0, T_0+8/15T]$ 内瞬时体积旋涡拟能耗散率 Φ_k 和流线分布，如图 8.13 和图 8.14 所示。图 8.13 和图 8.14 分别表示在纯水工况和含气率 10% 工况下叶片 A 产生的叶顶泄漏涡的二维时空演变及其体积旋涡拟能耗散率的分布情况。

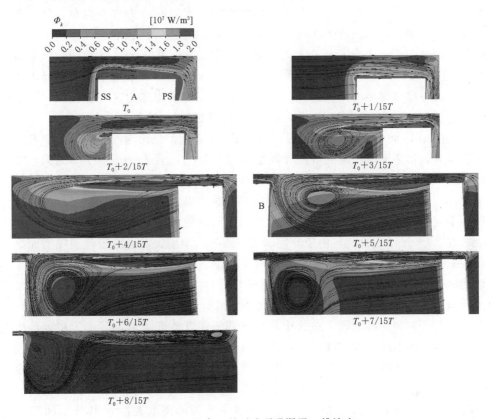

图 8.13　纯水工况下叶顶泄漏涡二维演变

由图 8.13 可知，纯水工况下叶顶泄漏涡的二维演变过程划分为三个阶段：初生阶段、发展阶段和耗散阶段。① [T_0，$T_0 + 2/15T$] 为初生阶段。在 T_0 时刻，叶片前缘叶顶前后的压差较小，而叶轮进口来流具有一定的初速度，所以泄漏流正向流动。同时流体的液流角与叶片安放角之间存在冲角，流体在叶片前缘形成前缘涡，此时叶顶两侧的旋涡拟能耗散率较高。因叶顶分离涡的形成，叶顶附近也具有较高的旋涡拟能耗散。在 $T_0 + 1/15T$ 时刻，虽然流体的流动方向没有改变，但是叶顶前后压差对流体流动的阻碍作用加剧。因此，叶顶分离涡涡量和尺度减小，叶顶区域的旋涡拟能耗散率也随之降低。在 $T_0 + 2/15T$ 时刻，叶片前后压差作用逐渐增大，直至改变流体在叶顶间隙内的流动方向，形成叶顶泄漏流。此时主泄漏涡和叶顶分离涡初次产生，高旋涡拟能耗散率区域较小。② [$T_0 + 3/15T$，$T_0 + 6/15T$] 为发展阶段。主泄漏涡逐渐向相邻叶片压力面运动，旋涡尺度逐渐增大。以主泄漏涡涡核为中心，涡核的旋涡拟能耗散率最低，沿径向方向，旋涡拟能耗散率逐渐增强。特别地，叶顶前后压差逐渐增大，形成的"射流-尾迹"区域逐渐扩大，导致较高的旋涡拟能耗散率。③ $[T_0+7/15T，T_0+8/15T]$ 为耗散阶段。在 $T_0+7/15T$ 时刻，叶顶前后压差开始减小，泄漏流强度减弱，因此"射流-尾迹"区域的旋涡拟能耗散率降低。同时随着叶片 B 前后压差增大，主泄漏涡逐渐被叶片 B 叶顶间隙泄漏流吸附。在 $T_0+8/15T$ 时刻，叶片 A 已完全穿过轴面，分布在轴面上的尾缘涡的旋涡拟能耗散率明显下降。此外，叶片 B 叶顶间隙吸附能力进一步增强，主泄漏涡逐渐向叶片 B 叶顶间隙运动，约 1/3 的主泄漏涡已被卷吸。

由图 8.14 可知，含气率 10％工况下叶顶泄漏涡的二维演变过程同样划分为三个阶段：初生阶段、发展阶段和耗散阶段。① $[T_0，T_0+2/15T]$ 为初生阶段。在 T_0 时刻，在叶顶吸力面，形成与叶顶间隙尺度相同的旋涡，不仅阻碍流体流动，而且增加了旋涡拟能耗散。这一现象可以解释为气液两相之间的物理属性不同，并且两相流动存在速度差，因此气液两相的流动形态较单相更加紊乱。在 $T_0+1/15T$ 时刻，由于叶顶前后压差进一步增大，且由于叶顶吸力面旋涡的阻碍作用，因此产生泄漏流。此时主泄漏涡和叶顶分离涡的尺度较小，所以旋涡拟能耗散率也较低。在 $T_0+2/15T$ 时刻，随着叶片前后压差逐渐增大，主泄漏涡和叶顶分离涡尺度增大，由此产生的能量耗散加剧。② $[T_0+3/15T，T_0+6/15T]$ 为发展阶段。在这个阶段泄漏流强度逐渐增加，尾迹的高旋涡拟能耗散率区域不断扩大。特别地，在 $T_0+6/15T$ 时刻，由于气相的存在使得次泄漏涡形成条状涡带，导致尾迹区域出现多个小尺度旋涡，加剧了旋涡拟能耗散。③ $[T_0+7/15T，T_0+8/15T]$ 为耗散阶段。在 $T_0+7/15T$ 时刻"射流-尾迹"区域的旋涡拟能耗散率降低，并且主泄漏涡逐渐被叶片 B 叶顶间隙吸附。在 $T_0+8/15T$ 时刻，气相使得尾缘涡分散为多个小尺度旋涡，此时旋涡拟能耗散率大幅度降低。此外，还发现主泄漏涡迅速被叶片 B 叶顶间隙吸附而耗散。

综上所述，将叶顶泄漏涡二维演变过程分为初生阶段、发展阶段和耗散阶段。旋涡拟能耗散主要发生在"射流-尾迹"区域，此区域消耗了大部分能量。气液两相之间的物理属性存在诸多差异，尤其是动力黏度、密度等，导致气液两相流动形态更加紊乱，进而增加了旋涡拟能耗散。特别地，气相加快了叶顶泄漏涡的初生、发展和耗散过程。

8.3.2　三维时空演变中旋涡拟能耗散

接下来研究叶顶泄漏涡三维时空演变过程，探究旋涡拟能耗散规律。以 Q_c 准则（$Q_c=1.5\times10^6\ s^{-2}$）作为等值面展示了在叶轮一个旋转周期内叶顶泄漏涡的三维时空演变过程，并使用体积旋涡拟能耗散率 Φ_k 着色，如图 8.15 和图 8.16 所示。

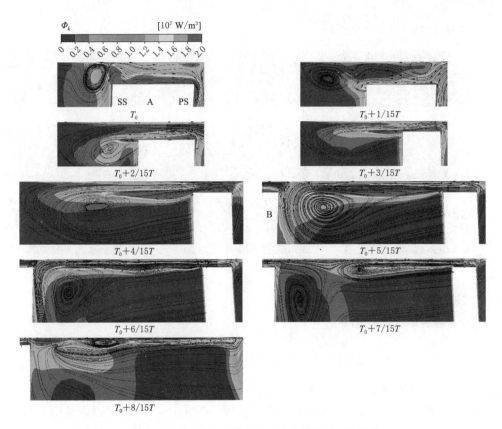

图 8.14　含气率 10％工况下叶顶泄漏涡二维演变

由图 8.15 可知，纯水工况下，叶顶泄漏涡的三维演变发展分解为三个阶段：分裂阶段、收缩阶段和合并阶段。① $[T_0,\ T_0+2/9T]$ 为分裂阶段，主泄漏涡与次泄漏涡发生卷吸，并逐渐发生分裂为 Part Ⅰ 和 Part Ⅱ，发现主泄漏距泵体壁面越近，体积旋涡拟能耗散率越强。而且随着时间的变化，主泄漏涡等值面的旋涡拟能耗散逐渐降低。同时在这个过程中，次泄漏涡逐渐发展，旋涡尺度增加，产生了大量的旋涡拟能耗散。② $[T_0+3/9T,\ T_0+5/9T]$ 为收缩阶段，主泄漏涡受到泵体壁面剪切层的影响，旋涡等值面被拉伸，旋涡尺度逐渐收缩。此时，主泄漏涡一直保持较低的旋涡拟能耗散率。同时次泄漏涡也逐渐被拉伸，旋涡尺度显著减小，并且旋涡拟能耗散率降低。③ $[T_0+6/9T,\ T_0+T]$ 为合并阶段，消失的 Part Ⅱ 开始重新发展，并逐渐与 Part Ⅰ 合并成一条完整的主泄漏涡。这个过程中，主泄漏涡尺度逐渐增大，其等值面上的旋涡拟能耗散逐渐增强。此时，次泄漏涡尺度呈现逐渐减小的规律，其体积旋涡拟能耗散率也相应降低。

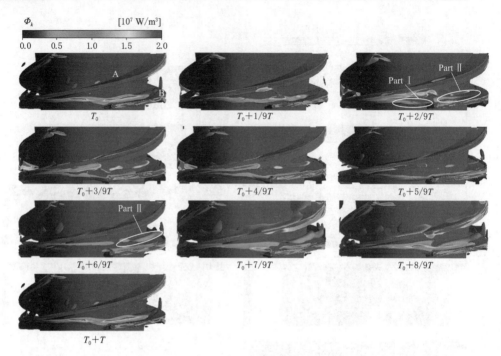

图 8.15　纯水工况叶顶泄漏涡三维时空演变

　　由图 8.16 可知，含气率 10％工况下，叶顶泄漏涡的三维演变发展同样分解为三个阶段：分裂阶段、收缩阶段和合并阶段。① $[T_0，T_0+2/9T]$ 为分裂阶段，气相的存在增强了次泄漏涡的旋涡尺度，导致主泄漏涡与次泄漏涡卷吸的位置更靠近叶片前缘。在 $T_0+1/9T$ 时刻，主泄漏涡就已经分裂为 Part Ⅰ和＋Part Ⅱ，所以气相加快了主泄漏涡的分裂。此时，次泄漏涡结构紊乱，其形态呈现条状涡带，并产生了小尺度旋涡分散在流道内。因此，气相是次泄漏涡产生的旋涡拟能耗散显著增强的关键因素。② $[T_0+3/9T，T_0+5/9T]$ 为收缩阶段，气相使得主泄漏涡与叶片的夹角不断增大，甚至主泄漏涡在叶片 B 前缘附近完全流入叶轮进口。同时次泄漏涡尺度逐渐减小，其旋涡拟能耗散也逐渐降低。③ $[T_0+6/9T，T_0+T]$ 为合并阶段，Part Ⅱ逐渐发展并与 Part Ⅰ合并为一条完整的主泄漏涡，其旋涡尺度不断增大，旋涡拟能耗散也增强。此时，次泄漏涡的旋涡拟能耗散却降低。

　　综上所述，将叶顶泄漏涡的三维结构时空演变划分为分裂阶段、收缩阶段和合并阶段。沿着主泄漏涡的运动轨迹，主泄漏涡的旋涡拟能耗散逐渐降低，而且次泄漏涡附近一直保持较高的旋涡拟能耗散，因为旋涡拟能耗散与泄漏流强度密切相关。特别地，气相的存在使得次泄漏涡形态变为条状涡带，并增强了次泄漏涡的旋涡尺度，因此次泄漏涡的旋涡拟能耗散也显著增加。

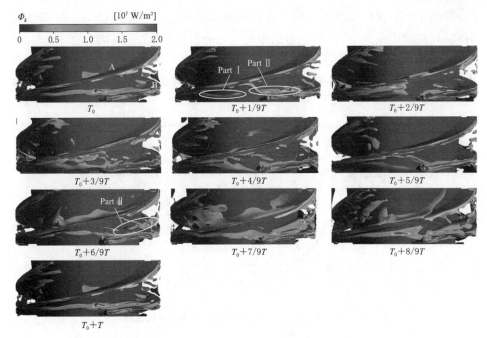

图 8.16　含气率 10％工况下叶顶泄漏涡三维时空演变

为了定量分析瞬时叶轮的旋涡拟能耗散功率变化规律，选取叶轮一个旋转周期内的 20 个时刻绘制总旋涡拟能耗散功率 P_{ens}、体积旋涡拟能耗散功率 P_k 和壁面旋涡拟能耗散功率 P_{wall} 随时间变化的曲线，如图 8.17 和图 8.18 所示。

由图 8.17 可知，在叶轮一个旋转周期内，纯水工况的体积旋涡拟能耗散功率在较大的区间（910～926W）振荡变化，而壁面旋涡拟能耗散功率在振荡区间（705～709W）较小。所以，总旋涡拟能耗散功率的变化趋势由体积旋涡拟能耗散功率主导。结合图 8.15 叶顶泄漏涡的三维时空演变过程，发现总旋涡拟能耗散功率随时间变化与次泄漏涡的时空演变有关。次泄漏涡的发展阶段 $[T_0, T_0+2/9T]$ 和耗散阶段 $[T_0+3/9T, T_0+5/9T]$ 都会导致总旋涡拟能耗散功率增加。而次泄漏涡向泵体壁面方向移动和拉伸（$[T_0+2/9T, T_0+3/9T]$，$[T_0+6/9T, T_0+8/9T]$）则会引起总旋涡拟能耗散功率减少。

由图 8.18 可知，对比纯水工况，含气率 10％工况的体积旋涡拟能耗散功率显著增强，其振荡区间（1255～1438W）扩大。因为气相的存在改变了次泄漏涡的形态，导致在流道内出现小尺度旋涡，增强了叶轮内流动形态的不稳定性，导致旋涡拟能耗散增加。然而，气相的存在却降低了壁面旋涡拟能耗散功率（566～576W）。因为在气液两相流态下，气相占据了一定的壁面面积，而气相与液相的动力黏度差异很大，气相造成的壁面旋涡拟能耗散几乎可以忽略不计。因此，液相占据的壁面面积减小，导致壁面旋涡拟能耗散功率降低。与纯水条件相比,当含气率为10%时,体积旋涡拟能耗散功率增加45.33%,壁面旋涡拟能耗散功率减少23.90%。总的来说,总旋涡拟能耗散功率增加了17.21%。总之,微小的叶顶间隙产生的复杂叶顶泄漏涡导致叶轮内大量的能量耗散。气相的存在使得叶轮内旋涡增多,增强了流动的不稳定性,从而导致能量耗散增加。

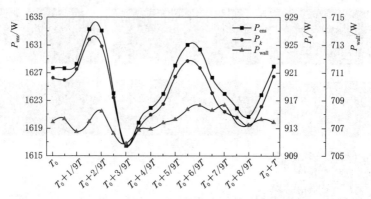

图 8.17 纯水工况下旋涡拟能耗散功率变化曲线

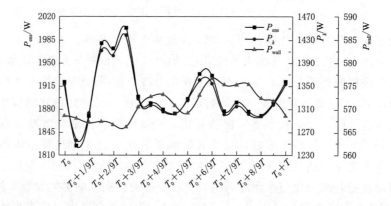

图 8.18 含气率 10%工况下旋涡拟能耗散功率变化曲线

8.4 本 章 小 节

本章采用旋涡拟能耗散理论对叶轮内旋涡拟能耗散进行定量分析,进一步探究了气相对叶顶泄漏涡旋涡拟能耗散特性的影响规律。主要结论如下:

(1) 螺旋叶片式混输泵叶轮内旋涡拟能耗散由体积旋涡拟能耗散和壁面旋涡拟能耗散组成。体积旋涡拟能耗散率和壁面旋涡拟能耗散率分布规律与叶顶泄漏涡的涡量和尺度密切相关，并且体积旋涡拟能耗散是叶轮内最主要的旋涡拟能耗散形式。同时截面 $S_1 \sim S_{15}$ 的体积旋涡耗散分布与周向涡量分布密切相关，"射流-尾迹"区域表现出较高的旋涡拟能耗散。此外，气相的存在不仅降低了主流流速，还使得主泄漏涡的起始点向前缘移动。沿着主泄漏涡的运动轨迹，气相的存在增强了平均旋涡拟能耗散率和脉动旋涡拟能耗散率及其振荡强度。

（2）叶顶间隙内体积旋涡拟能耗散率的分布与叶顶分离涡密切相关。叶顶分离涡涡核处涡量最高，而沿着以涡核为中心的圆周方向上逐渐减弱，而体积旋涡拟能耗散率则呈现相反的分布规律。同时叶顶泄漏涡的涡量和尺度共同影响壁面旋涡拟能耗散率的分布，而且泵体壁面表现出较高的旋涡拟能耗散。此外，气相扰乱了叶顶间隙内的流动形态，进而增强了叶顶间隙区域的旋涡拟能耗散。气相降低了主流在壁面的剪切应力，有利于减小壁面旋涡拟能耗散。

（3）叶顶泄漏涡二维演变过程分为初生阶段、发展阶段和耗散阶段，此过程中的旋涡拟能耗散率分布随叶顶泄漏涡的发展而改变。同时将叶顶泄漏涡的三维结构时空演变划分为分裂阶段、收缩阶段和合并阶段。沿着主泄漏涡的运动轨迹，主泄漏涡的旋涡拟能耗散逐渐降低，然而分离涡与次泄漏涡一直保持较高的旋涡拟能耗散。此外，在叶轮一个旋转周期内，总旋涡拟能耗散功率的变化趋势由体积旋涡拟能耗散功率主导，而体积旋涡拟能耗散功率的变化与次泄漏涡的周期性演变存在较强的关联性。特别地，气相使得次泄漏涡形态变为条状涡带，增强了次泄漏涡的旋涡尺度。这不仅显著地增强了总旋涡拟能耗散，还扩大了总旋涡拟能耗散的振荡区间。

第9章 螺旋叶片式混输泵内涡流与压力脉动特性

为了进一步了解螺旋叶片式混输泵内涡流特性，本章研究将刚性涡量拆解为圆柱坐标系上的三个分量，分别为周向涡、轴向涡以及径向涡。以不同含气率与不同流量的运行工况为例，研究周向、轴向以及径向涡对螺旋叶片式混输泵内流特性的影响，并且通过建立涡流与压力脉动的关联特性，揭示其内在规律。

9.1 螺旋叶片式混输泵内涡流特性与湍动能

9.1.1 混输泵内周向涡、轴向涡以及径向涡

$IGVF=0$ 时轴向涡、周向涡、径向涡与叶顶间隙流线的分布如图 9.1 所示。从图 9.1 中可以看出，叶顶流线分布从叶顶间隙前缘射流流出，经流道沿周向方向流至出口位置，形成长条状叶顶泄漏涡。其中，在叶顶泄漏涡的组成部分中，周向涡相比轴向涡以及径向涡而言，其占比最大，为叶顶泄漏涡的主要组成部分。从图 9.1 中还可以看出，在前叶顶泄漏涡区间，组成部分为周向涡，而在泄漏涡中间断裂区域开始出现轴向涡，且该处的射流流线扭结度较低。同时，在泄漏涡剪切带附近，相邻流道射流经过间隙流入，并与主流相互纠缠，构成泄漏涡的中间部分。轴向涡主要聚集在流道叶片压力面前缘附近以及泄漏涡尾端区域，周向涡为泄漏涡占比最大的旋涡，因此为泄漏涡主要的构成部分，径向涡占比相对最少，其主要分布在叶片前缘和尾缘的局部区域。此外，当流体经过流道最狭窄处时，流道内轴向涡流较为严重，与此同时，当泄漏涡尾端发生脱流和消散时，涡的轴向分量占比也较大，这充分表明了轴向分量对涡的生成和溃散起到了一定的驱动作用。

$IGVF=10\%$ 时轴向涡、周向涡、径向涡与叶顶间隙流线的分布如图图 9.2 所示。从图 9.2 中可以看出，气液两相工况下泄漏射流流线在流道中分布更加密集，并且在剪切带的射流相对较少，并且在剪切带区域的间隙附近，出现了明显的气相聚集情况，其中在叶片尾端间隙处的大部分区域，其含气率很高。从图 9.2 中还可以看出，气液两相工况相比纯水工况，轴向涡在泄漏涡尾端时

的分布逐渐增加，即涡旋在脱落耗散时，轴向分量逐渐增加。在泄漏涡前段和后段时，周向涡的涡尺度明显较大，但周向涡在泄漏涡中间的局部区域的涡旋强度开始降低，这是由于气相在间隙的局部堵塞造成的，气相堵塞使得间隙射流在该位置的速度降低，无法与压力面的主流形成强对流，这导致周向涡在该处的扩散受到了一定程度的影响。由此可见，轴向涡和周向涡为涡旋的主要组成部分，而在整个叶轮区域内，气相的存在使得轴向涡和周向涡的分布明显增多。

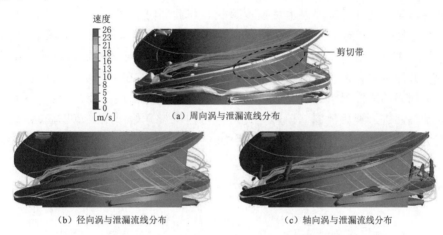

图 9.1　轴向涡、周向涡、径向涡与叶顶间隙流线（$IGVF=0$）

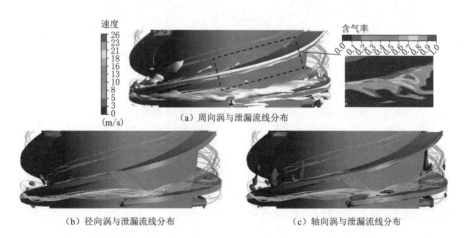

图 9.2　轴向涡、周向涡、径向涡与叶顶间隙流线分布（$IGVF=10\%$）

9.1.2　混输泵内周向涡、轴向涡与能量损失

在 7.1 节分析中得出螺旋叶片式混输泵内叶顶泄漏涡的核心位置，本节将

对涡核处能量损失与涡旋强度的关联特性进行深入分析，并通过定量分析，得出二者之间的规律。

叶轮内涡核上周向涡、轴向涡以及能量损失的分布如图 9.3 所示。从图 9.3 中可以看出，在叶顶泄漏涡的涡轴上，周向涡和轴向涡刚性涡量在不同空间位置的变化规律与能量损失一致。在 P1～P4 区间，周向涡和轴向涡的刚性涡量逐渐递减，分别从 $7844s^{-1}$ 和 $666s^{-1}$ 下降到了 $1187s^{-1}$ 和 $491s^{-1}$，涡核的熵产值也随之从 $13783W/K$ 降低至 $4665W/K$。在 P4～P6 区间，涡核上轴向涡和周向涡开始增加，尤其是轴向涡增加速度最快，与此同时熵产值也增加至 $18711W/$ K，由此可见，轴向涡在 P6 的增长使得该点的能量损失很大，由图 7.5 和图 9.2 可知，P6 点位于叶片吸力面前缘位置，该区域轴向涡和轴向涡分布最多，这也是其能量损失最大的原因。从图 9.3 还可以看出，在 P6～P9 区间内，轴向涡和周向涡的刚性涡量逐渐降低，能量损失也随之大幅度下降，而在 P9～P10 时，泄漏涡进入到后泄漏涡阶段，此时流道内涡旋开始出现大范围脱落，进而引起大量的能量损失，熵产值也随之增加。

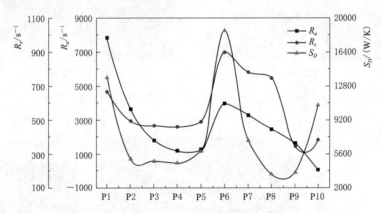

图 9.3　叶轮内涡核上周向涡、轴向涡以及能量损失（$IGVF=10\%$）

9.2　螺旋叶片式混输泵内涡流与气相的瞬态特性

9.2.1　混输泵内涡旋与速度分布

进口含气率为 10％时，不同流量下叶轮流道内周向涡、轴向涡以及气相的分布如图 9.4 所示。从图 9.4 中可以看出，在 $0.8Q$ 流量下，叶片吸力面前缘无法成型，且叶片压力面附近主要以周向涡为主，进口周向速度较低，但在流道出口附近，涡旋和气相分布较多。当流量增加到 $1.0Q$ 时，叶片吸力面前缘的泄漏涡逐渐成型，但在叶片压力面前缘附近出现了断裂状态，此时轴向涡在压力面前缘和中间位置的分布明显增多，周向速度和轴向速度也逐渐增加，尤其是流道进口位置，所有截面的周向速度均逐渐向叶顶附近缩减，这种速度梯度递减引起的剪切效应，使得周向涡的涡尺度显著增大。在 1.2Q 流量下，流道内轴向涡逐渐减少，周向涡的分布位置开始向吸力面偏移，同时泄漏涡不再发生明显的断裂现象，叶片前缘压力面的周向涡几乎贴近相邻叶片的吸力面处。

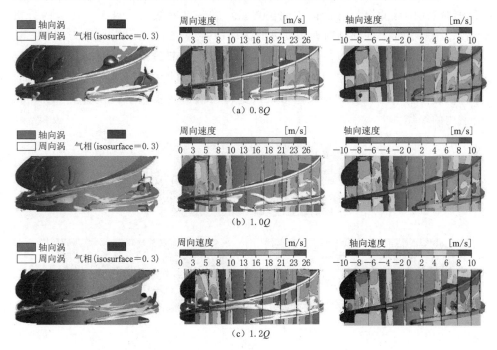

图 9.4　周向涡、轴向涡以及气相的分布（$IGVF$＝10％）

综上分析可知，小流量时周向涡和轴向涡受制于周向速度以及轴向速度剪切效应差，导致泄漏涡的涡尺度较小，且分布仅限于叶片压面前缘附近，而在设计流量时轴向涡在泄漏涡尾端区域的分布逐渐增加，周向涡在叶片吸力面前缘的分布也明显增加，但是会发生明显的断裂失稳区域，在大流量时，进口流速增加，吸力面前缘的周向速度变化较小，泄漏涡起始位置下移，尤其是周向涡开始更多地分布在吸力面处，并且有效地避免了泄漏涡在中间位置断裂的情况。

9.2.2　周向涡、轴向涡以及气相演化

通过 9.2.1 节的分析可知，流量对涡旋分布以及气液分离等特性影响很大，在低流量时叶顶泄漏涡相对较小，设计流量以及大流量时叶顶泄漏涡较多，并且流道内气相聚集程度受涡旋的影响较大。因此，本节分析重点对设计流量以

及大流量时叶顶泄漏涡以及气相的瞬态演化进行分析。

$1.0Q$ 流量时涡旋与气相的三维时空演化过程如图 9.5 所示。从图 9.5 中可以看出，在 $1.0Q$ 流量时，叶轮流道内周向涡在不同时刻的分布与气相一致，当 $T=0.4131\text{s}$ 时，周向涡成型于叶片吸力面附近，此时流道内轴向涡、径向涡与气相分布较少，在 $T=0.4164\text{s}$ 时，周向涡逐渐靠近叶片压力面，前泄漏涡区域于中泄漏涡区域的涡流开始向中间位置挤压并形成断裂带，这与 7.2 节的分析一致，圆周方向上的涡轴向着相反方向运动，最终在 $T=0.42\text{s}$ 时出现断裂。从图 9.5 中还可以看出，在 $T=[0.4131\text{s}, 0.42\text{s}]$ 时间段内，轴向涡从叶片前缘位置向出口扩散，在断裂区域形成过程中，流道内周向涡和轴向涡逐渐增加，并且涡旋内部的气相分布越来越多，由此可见涡旋的扩散增长，加剧了气相在流道内的聚集。

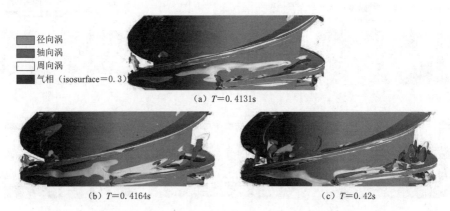

图例：
- 径向涡
- 轴向涡
- 周向涡
- 气相（isosurface＝0.3）

(a) $T=0.4131\text{s}$

(b) $T=0.4164\text{s}$　　　　　　　　(c) $T=0.42\text{s}$

图 9.5　$1.0Q$ 流量下涡旋与气相的三维时空演化（$IGVF=10\%$）

$1.2Q$ 流量时涡旋与气相的三维时空演化过程如图 9.6 所示。从图 9.6 中可以看出，相比于 $1.0Q$ 流量，$1.2Q$ 流量时流道内涡旋随时间的变化较小，周向涡的起始位置相对滞后，在 $T=[0.4131\text{s}, 0.4164\text{s}]$ 时间段内，周向涡逐渐向流道中间扩散，涡旋尺度显著增加，与此同时气相也呈管状分布，并且被涡旋裹挟向出口处流动。在 $T=0.42\text{s}$ 时，周向涡的涡旋尺度逐渐减小，气相分布面积也随之减小，但是叶顶泄漏涡的结构稳定没有出现断裂现象。此外，从图 9.6 还可以发现，$1.2Q$ 流量时轴向涡分布较少，其在 $T=[0.4131\text{s}, 0.42\text{s}]$ 时间段内增加速度缓慢，周向涡呈长条状分布，在后泄漏涡区域时的涡旋脱落现象较少，这与流道内轴向涡发育较慢有关。

综上可知，随着进口流量的增加，流道内靠近轮缘区域的周向速度和轴向速度也随之增加，进而影响叶顶泄漏涡的位置变化。轴向涡和周向涡随时间不断消散和生成，进一步裹挟气相向出口运动，由此可见涡旋的时空演化特性严重影响气液两相的输送。

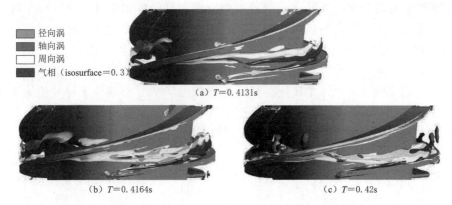

径向涡
轴向涡
周向涡
气相（isosurface＝0.3）

(a) T＝0.4131s

(b) T＝0.4164s　　　　　　　　　(c) T＝0.42s

图 9.6　1.2Q 流量下涡旋与气相的三维时空演化（$IGVF$＝10%）

9.3　螺旋叶片式混输泵内压力脉动特性

螺旋叶片式混输泵间隙内的不稳定流动深刻影响着压力脉动，但是其对叶顶泄漏涡区域的研究较少，而涡核区域的压力以及速度变化将更加剧烈，对泵的性能影响也会更大，因此研究叶顶泄漏涡核的压力脉动特性有着很重要的工程价值。

9.3.1　叶轮流道内涡核处压力脉动时域

一个工况下叶顶泄漏涡核心区域的监测点如图 9.7 所示，分别为 IM1～IM5，不同工况下监测点将涡核的中心点随之发生变化。根据第 7 章的分析得知，这五点位于叶顶泄漏涡的涡轴上，且 IM2 为前泄漏涡区域，IM3～IM4 位于中泄漏涡区域，IM5 位于后泄漏涡区域，本节将对该五点的压力脉动进行深入分析，并深入分析不同工况下其频域以及时域图变化的规律特性。

图 9.7　叶轮流道内监测点

图 9.8 为不同含气率下叶轮内监测点时域图。从图 9.8（a）可以看出，在纯水工况下 IM1～IM5 的压力脉动幅值最大值分别为 0.0264、0.03093、0.02723、0.01666、0.0489，IM1 与 IM2 分别为前泄漏涡的两个位置，IM2 位置为涡旋扩散区域，相对应的压力脉动幅值较高。IM3 在叶片前缘压力面附近，

此时轴向涡与周向涡分布较多，这导致相应压力脉动幅值较高，IM5 位于叶顶泄漏涡出现大范围脱落的区域，相对应的压力脉动幅值最大。从图 9.8（b）中可以看出，在气液两相工况下，IM1～IM5 的压力脉动幅值最大值分别为 0.04521、0.06642、0.125、0.041、0.124，气相的存在使得相同位置涡核处的压力脉动幅值明显增大，尤其是在 IM3 与 IM5 这两点，分别位于叶片吸力面前缘和中间位置，从第 9.1.1 节分析可知，气相使得中泄漏涡区域的轴向涡和周向涡增加。由此可见，涡旋的演化分布深刻影响着压力脉动的变化。

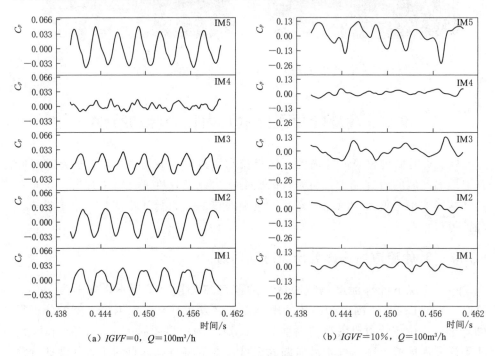

（a）$IGVF=0$，$Q=100\text{m}^3/\text{h}$　　　（b）$IGVF=10\%$，$Q=100\text{m}^3/\text{h}$

图 9.8　不同含气率下叶轮内监测点时域图

不同流量下叶轮内监测点的时域如图 9.9 所示。从图 9.9（a）可以看出，相比于设计流量，在 0.8Q 流量时 IM2～IM5 监测点的压力脉动幅值较低，这是由于四个所在区域的涡旋相对较少，而 IM1 的压力脉动幅值最大值较高，这是由于低流量时叶轮进口处 SI 值较高所导致的。从图 9.9（c）可以看出在大流量时，IM1～IM5 的压力脉动幅值最大值分别为 0.02357、0.04352、0.22902、0.07462、0.03918，IM3 与 IM4 两点的压力脉动幅值较高，尤其是 IM3 点幅值最大，其位置为涡旋集中区域。IM3 在叶片前缘压力面附近，此时轴向涡与周向涡分布较多，这导致相应的压力脉动幅值较高，IM1、IM2、IM5 所处位置为周向涡聚集区域，且轴向涡分布较少，故相对应的压力脉动幅值较小。此外，大流量工况下，叶轮流道内涡旋在一个周期的变化较小，压力脉动幅值变化整体较小。

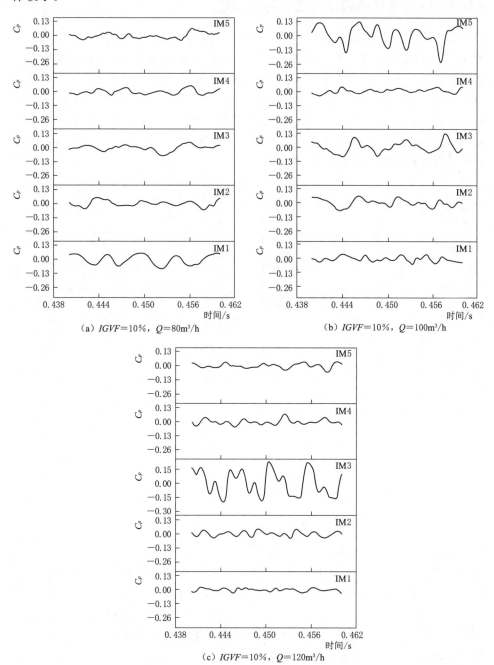

（a）*IGVF*＝10%，*Q*＝80m³/h

（b）*IGVF*＝10%，*Q*＝100m³/h

（c）*IGVF*＝10%，*Q*＝120m³/h

图 9.9　不同流量下叶轮内监测点时域图

9.3.2　叶轮流道内涡核处压力脉动频域

设计流量下纯水和进口含气率10%时监测点的频域分析如图9.10所示。从图9.10可以看出，在纯水工况下，IM1～IM6监测点的压力脉动幅值集中在6倍转频处，其中IM4和IM5分别为压力脉动幅值最小值和最大值。IM1～IM5的压力脉动高幅值次频很少，这意味着纯水条件下高幅值的压力脉动持续时间较短。在气液两相工况下，IM1点主频在7倍转频处，IM2、IM3主频在3倍转频，IM4和IM5在5倍转频处，由此可见，气液两相条件下压力脉动集中在低频处，即气相加剧了叶轮区域内的低频扰动。

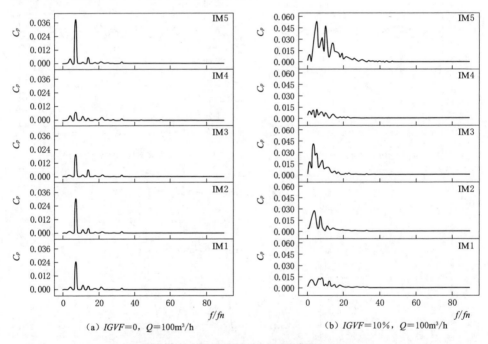

（a）$IGVF=0$，$Q=100\text{m}^3/\text{h}$　　　（b）$IGVF=10\%$，$Q=100\text{m}^3/\text{h}$

图9.10　不同含气率下叶轮内监测点频域图

进口含气率10%时不同流量下监测点的频域分析如图9.11所示。从图9.11中可以看出，在0.8Q流量下，IM1、IM2和IM3主频分别4倍、5倍和3倍转频处，IM4和IM5分别集中在5倍和2倍转频处，相比于设计流量，0.8Q流量时IM1点和IM5点的主频频率较低。当流量进一步增加至1.2Q时，IM1、IM2和IM3主频均在4倍转频处，IM4和IM5分别集中在8倍和7倍转频处，IM3处监测点的压力脉动幅值增加，其余点处均出现大幅度减小。此外，0.8Q流量时低频处的压力脉动幅值整体较低，这与其流道内叶顶泄漏涡较少有关，而1.0Q与1.2Q时压力脉动幅值较高，且均在泄漏涡密集分布的位置，由此涡旋的分布与压力脉动有着不可分割的联系。通过调节流量达到控制叶顶泄漏涡的目的，进而减少流道内的压力脉动，这对改善混输泵性能具有很好的指导意义。

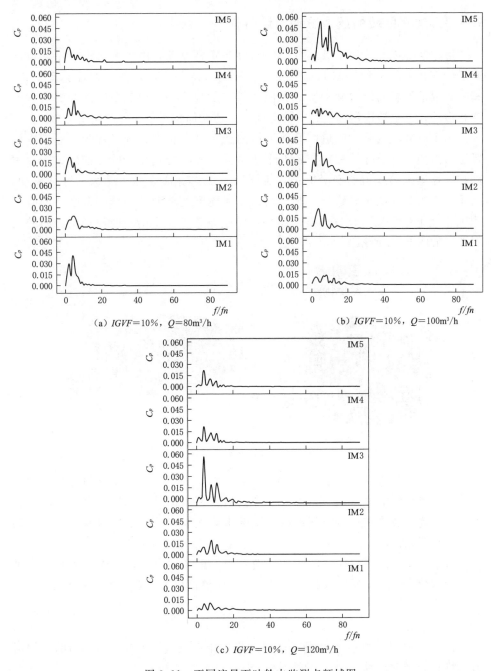

（a）$IGVF=10\%$，$Q=80\mathrm{m^3/h}$

（b）$IGVF=10\%$，$Q=100\mathrm{m^3/h}$

（c）$IGVF=10\%$，$Q=120\mathrm{m^3/h}$

图 9.11   不同流量下叶轮内监测点频域图

此外，从 7.4 节分析中得知，在偏设计流量工况下，叶轮进口处流动均匀性较差，这也是进出口附近的压力脉动幅值异常的重要原因。

9.3.3　旋涡区域的压力脉动时域特性

混输泵的内部流动是极其复杂的三维非定常流动，由于主流道中不同形式旋涡的存在加剧了流场的混乱程度，引发了泵内各个位置的周期性脉动变化。其中，内部流场的压力脉动会破坏流动结构的稳定性，引起泵体内部的巨大噪声和振动，不仅造成混输泵运行性能变差，还会缩短运行部件的使用寿命。

为了研究混输泵主流道内旋涡区域的压力脉动特性，选择在叶轮通道内设置压力监测点，沿叶轮周向布置 6 个压力监测点，分别位于叶片前缘、叶片中部和叶片尾缘的压力面和吸力面，由于大量流体介质在靠近轮缘的区域流动，因此 6 个监测点位于轮缘处。叶片出口区域受到的动静干涉影响最强，同时叶片尾缘处出现了较大尺度的旋涡结构，特别设置了 4 个沿着叶轮径向分布的监测点，如图 9.12 所示。

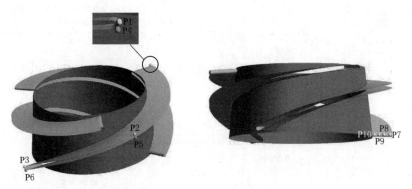

图 9.12　叶轮监测点示意图

在 5.3 节的研究结果中，发现进口含气率（IGVF）这一变量对于叶轮流道中的旋涡结构影响非常明显，螺旋叶片式混输泵内部的实际流场也是气液两相流动。因此本节将重点研究气液两相工况下旋涡结构的非定常演变与压力脉动间的内在联系。

对于螺旋叶片式混输泵叶轮内部流动引起的压力脉动，需要对相对压力进行无量纲化，即使用压力系数来研究各位置的流体压力。其具体公式如下：

$$\overline{P} = \frac{1}{N}\sum_{i=1}^{N} P_i \tag{9.1}$$

式中：N 为时间步数；P_i 为每一个时间步的压力值；$\overline{P}$ 为统计周期内的平均压力。将其无量纲化得

$$C_P = \frac{P - \overline{P}}{\frac{1}{2}\rho U_0^2} \tag{9.2}$$

式中：U_0 为叶轮轮缘处的圆周速度，大小为 $25.277\mathrm{m/s}$；ρ 为流体密度。

压力监测点 P1～P6 在两个旋转周期内的压力脉动时域图如图 9.13 所示。

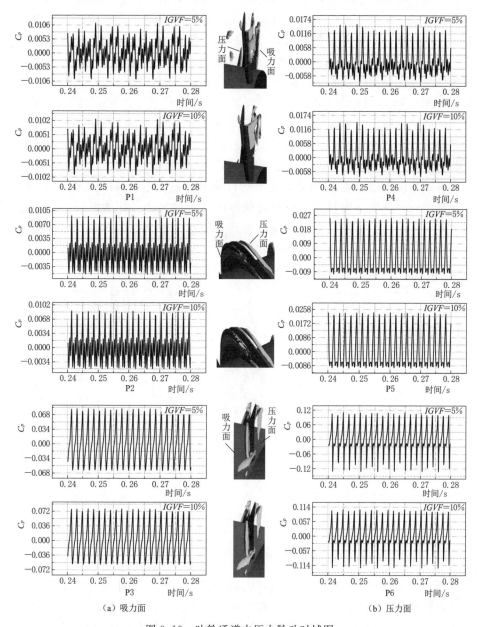

（a）吸力面　　　　　　　　　　　　（b）压力面

图 9.13　叶轮通道内压力脉动时域图

由图 9.13 可知，不同含气率下叶轮通道中 6 个监测点的压力脉动在一个周期内出现了 11 个相似的波形，与导叶数目相同，这是因为受到叶轮和导叶交接处的动静干涉影响，随着监测点越靠近动静交接区域，压力脉动的波形越稳定，动静干涉的作用越强烈。同时，发现叶轮通道的压力面和吸力面监测点的压力脉动波形的变化完全不同，这是因为压力面和吸力面上旋涡的结构形态和数量不同，进而导致这些位置的压力脉动强度不同。对比不同含气率工况，发现随着含气率增加，叶轮进口和中间段监测点压力脉动的强度反而略微降低，只有吸力面监测点 P3 压力脉动强度增加，这是因为气相在轮缘处聚集，含气率升高使叶轮尾迹区旋涡结构的尺度扩大，增强了此处的压力脉动。

监测点 P7~P10 处于叶片尾缘处尾缘涡结构的位置，含气率 5％工况下叶轮尾迹区的压力脉动时域图如图 9.14 所示，由于含气率 10％工况下的压力脉动时域图与含气率 5％时的压力波动情况相似，压力幅值的变化几乎没有，因此此处只分析了含气率 5％时的压力脉动时域特性。由图 9.14 可以发现从轮缘到轮毂压力脉动的波形变化并不显著，主要的区别在于压力脉动的强度发生了变化，轮缘处的压力脉动强度最大，沿径向朝轮毂分布的监测点压力脉动强度先减小后增大，这是因为轮缘附近的尾迹区由压力面和吸力面上流体的交汇形成，湍流中形成了旋涡，此外流体冲击叶轮室壁面也会造成压力脉动，总体来说，叶轮出口的轮缘区域因为旋涡的存在压力脉动增强。

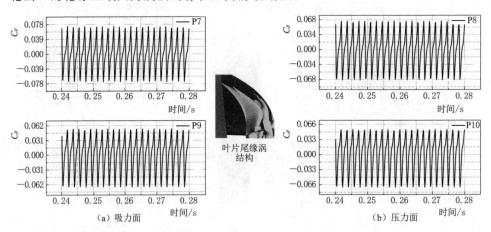

图 9.14　叶片尾缘上压力脉动时域图

9.3.4　旋涡区域的压力脉动频域特性

通过压力脉动时域图能够得到压力信号关于时间的变化规律，但是信号不仅随时间变化，还与频率有关，这就需要将时域信号进行快速傅里叶（fast fourier transform，FFT）变换得到频域信号，并在频率域中对信号进行描述。

为了深入剖析旋涡结构与压力脉动频域特性的关系，图 9.15 展示了各监测点的压力脉动频域图，横坐标的频率为振幅频率 f 与叶轮转频 fn（50 Hz）的比值，纵坐标仍然为压力脉动系数。

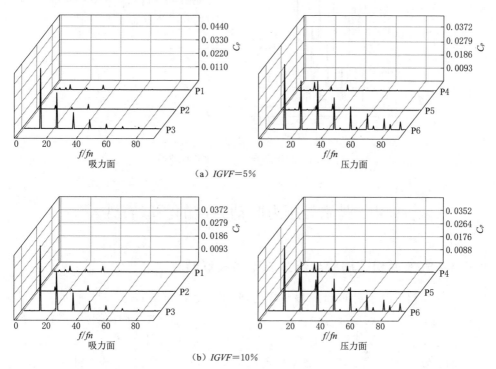

（a）$IGVF=5\%$

（b）$IGVF=10\%$

图 9.15　不同含气率下叶轮通道内压力脉动频域图

从图 9.15 中可以看到，从进口监测点 P1 到出口监测点 P3 各个监测点的主频均在 11 倍叶轮转频处，在叶轮进口和中间段，各频率对应的幅值相差不大，而在叶轮出口，各频率对应的幅值差距明显。由于受到动静干涉影响，叶轮出口的压力脉动幅值远高于其他位置，其中吸力面监测点的主频幅值又高于压力面各监测点的主频幅值，说明吸力面上的尾缘涡结构引起流场的稳定性变差，使得尾迹区的压力脉动幅值增加。另外在气液两相工况下，各个监测点的整体幅值均随含气率升高而下降，这是由于旋涡卷吸了部分气体在轮缘处，气体的存在略微抑制了动静干涉影响，但是随着含气率增加振幅主要集中在低频区域，高频振幅减弱乃至消失，低频振动对叶轮的稳定运行影响较大。

监测点 P7～P10 的压力脉动频域图如图 9.16 所示，图中 4 个监测点的主频幅值仍然在低频处。与叶轮出口监测点的压力脉动频域图相比，尾迹区监测点的压力脉动波形变化相似，且从轮缘到轮毂压力脉动幅值变化很小。

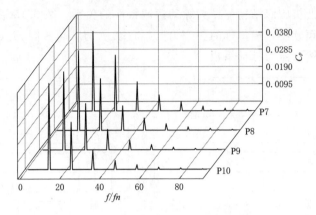

图 9.16　叶片尾缘上压力脉动频域图

9.4　涡流与压力脉动强度的关联特性

9.4.1　气液两相下涡旋与压力脉动的关联特性

气液两相工况下叶顶泄漏涡与压力脉动强度的分布如图 9.17 所示。从图 9.17 中可以看出，在前泄漏涡阶段，压力脉动强度的分布与周向涡的分布一致。在叶轮进口处，叶顶泄漏涡主要成分为周向涡，周向涡呈长条状分布，轴向涡呈碎条状分布，S_2 截面到 S_3 截面随着轴向涡出现，最终在 S_3 截面处压力脉动强度聚集区形成于两处。高压力脉动区域随着流向的发展逐渐膨胀，这主要是由于周向涡的涡尺度逐渐增加所造成的。

从图 9.17 中还可以看出，在中泄漏涡阶段时，周向涡和轴向涡并存，此时，周向涡集中在轮缘附近，裹挟介质向出口移动，而在 S_5 截面时，轴向涡的涡旋尺度开始增加，相对应的高压力脉动强度聚集区域也随之增加，其分布区域靠近轮毂。在 S_6 截面处，此时叶顶泄漏涡进入了到了脱流区域，该区域的压力脉动随之大幅度增加，这与 9.3 节的结论一致，在 $1.0Q$ 流量 $IGVF = 10\%$ 的条件下，轴向涡的分布密集程度可反映涡旋在该区域的脱落程度。

9.4.2　大流量工况时涡旋与压力脉动的关联特性

不同流量下涡旋、流线与压力脉动强度的分布如图 9.18 所示。从图 9.18 中可以看出，在 $1.2Q$ 流量时叶顶泄漏流线集中分布在叶片吸力面的中间位置，相比于设计流量，在前泄漏涡阶段，流线的压力脉动强度明显较低。而在泄漏涡中段，间隙流线的压力强度明显较高，与此同时轴向涡和周向涡分布在 Part I

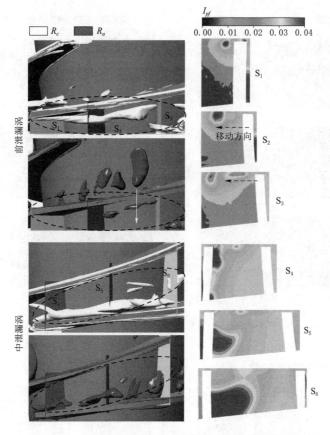

图 9.17　气液两相工况下叶顶泄漏涡与压力脉动强度

区域，相比于设计流量，大流量时轴向涡大幅度减少，周向涡不再发生断裂，这也是该区域压力脉动强度显著的主要原因。另外，设计流量在泄漏涡的前段和后段部分压力脉动强度较高，这是由于设计流量时泄漏涡前段周向分量较多，而在后段发生了大面积的涡旋脱落现象，轴向涡在流场后段大幅度增加，这是设计流量下压力脉动在泄漏涡前后两端较高的原因。

　　不同流量下叶轮流道内各个截面处的压力脉动强度分布如图 9.19 所示。从图 9.19 中可以看出，大流量时 S_1 截面到 S_3 截面的压力脉动强度均小于设计流量，在 S_4 截面处压力脉动强度集中在流道中间位置的轮缘附近，此时压力脉动强度受涡旋影响而增加。在 S_5 截面处，大流量工况时压力脉动强度聚集区域由圆状缩减至小块状，且呈分布在叶顶处，结合图 9.18 可知，该区域的轴向涡分布以及涡旋脱落现象较少。综上分析，表明当轴向涡与周向涡同时增加时，会使得压力脉动强度增大，通过调节流量可有效控制涡旋的强度，进而减小局部区域的压力脉动强度。

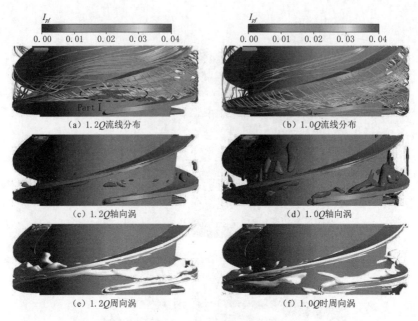

图 9.18　不同流量下涡旋、流线与压力脉动强度的分布（$IGVF=10\%$）

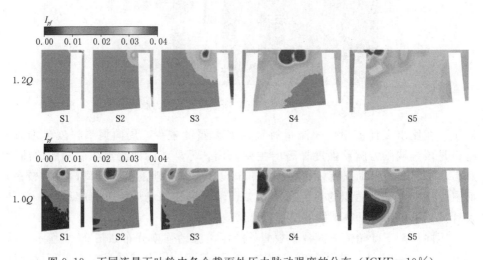

图 9.19　不同流量下叶轮内各个截面处压力脉动强度的分布（$IGVF=10\%$）

9.5　本 章 小 结

　　本章基于刚性涡量的圆柱坐标分解，对流道内涡旋做了轴向、周向、径向的分解，并进一步分析了压力脉动强度与 3 种方向涡旋的关联特性，然后对纯水工况、气液两相工况以及不同流量下的叶顶泄漏涡核心区域的压力脉动强度进行探究，最后得出不同运行参数下各类涡旋对压力脉动的影响规律，最终有如下结论：

（1）纯水工况下，叶轮流道内主要以轴向涡、周向涡为主，其中轴向涡对叶顶泄漏涡的断裂起到促进作用，周向涡是叶顶泄漏涡的主要成分。随着气相含量的增加，叶轮流道内周向涡的涡尺度逐渐增加，而在流道中后段时轴向涡显著增加。此时在次泄漏涡在剪切带形成了气相的堵塞情况，这使得主泄漏涡的对流强度下降，也是泄漏涡失稳的主要原因。同时，在气液两相工况下，叶轮流道内的能量损失与轴向涡和周向涡的变化规律一致，其中在叶片前缘压力面处受轴向涡急剧增加的影响导致此处能量损失很大。

（2）螺旋叶片式混输泵内轴向涡和周向涡的分布分别受轴向速度和周向速度的影响较大，在 $0.8Q$ 流量时叶轮流道内周向速度和轴向速度较低，且速度梯度较低故只存在少量涡旋，随着进口流量的增加到 $1.0Q$ 时，流道内速度梯度增加即剪切效应增加，导致轴向涡和周向涡大量出现在轮缘附近，在 $1.2Q$ 时流道内周向速度和轴向速度进一步增加，但其速度梯度明显变化的位置滞后，因此大尺度涡旋集中在流道中后段。此外，流量的变化导致涡旋的演化趋势也随之改变，周向涡与气相的演化分布规律一致，当周向涡的涡旋强度大时气相聚集程度也随之变高，轴向涡在大流量时发育较慢，尤其是在后泄漏涡阶段时，对气相聚集程度的影响减弱，进而使得周向涡输送介质能力增强。

（3）通过对监测点的时域分析可知，在叶轮流道内压力脉动受气相的影响，其幅值逐渐增大，尤其是在叶片压力面前缘以及涡旋脱落区域时最明显，相比于设计流量，小流量时监测点压力脉动幅值较小，而在大流量时位于中泄漏涡区域的监测点压力脉动幅值较大。又通过对监测点的频域分析可知，气相使得高压力脉动幅值的频率变低，大流量时涡核处各个监测点的主频变化不明显，但在局部区域主频的压力脉动幅值增加了 1 个数量级，其位置位于轴向涡和周向涡的集中区域。

（4）$1.0Q$ 流量时，前泄漏涡区域的压力脉动强度受周向涡影响较大，中泄漏涡区域的压力脉动强度受轴向涡影响较大，并且在泄漏涡脱落区域时轴向涡急剧增加使得周围的压力脉动强度随之增加。大流量时，中泄漏涡起始位置靠近叶片吸力面且未发生断裂情况，因此该处压力脉动强度大大增加，而前泄漏涡区域的涡旋分布较少，以及后泄漏涡区域的涡旋脱落程度大幅度降低，该区域的压力脉动强度亦随之变低。

（5）整个叶轮流道的压力脉动主要受旋涡结构和动静干涉影响，就压力脉动时域而言，在动静干涉影响下整个叶轮通道的压力脉动在一个旋转周期内出现 11 个相似波形，与导叶数相等。由于压力面和吸力面上旋涡的数量和结构形态不同，各个监测点的压力脉动波形差异很大。沿叶片尾缘的径向位置上，从轮缘到轮毂压力脉动强度先减弱后增强。除此之外，随着含气率增加叶轮出口吸力面的压力脉动强度增加，而其他位置的压力脉动强度则减小。

（6）混输泵叶轮通道各个位置产生的压力脉动主要是三个叶片旋转引起不均匀流场的结果。就压力脉动频域特性而言，各个监测点的主频幅值集中在低频区域，叶轮进口和中间段的主频幅值与其他幅值对应的频率相差不大，而叶轮出口的主频幅值与其他幅值对应的频率差距明显。受动静干涉影响，叶轮出口监测点的主频幅值最大，其中吸力面的压力脉动幅值又高于压力面各监测点的压力脉动幅值。另外，对比不同含气率下的压力脉动频域图，发现气相的增加能够抑制压力脉动幅值的增加。

第 10 章 运行参数对螺旋叶片式混输泵内气液两相运动规律的影响

在油气混输过程中，螺旋叶片式混输泵内的气液两相流动极其复杂，传统的数值方法手段和试验方法难以精确地捕捉泵内气泡间的聚并、破碎等运动特性。螺旋叶片式混输泵实际运行常处于泡状流条件下，采用更为精准的数值方法实现泵内的气泡尺寸预测是具有指导意义的。本章将采用能够捕捉气泡尺寸变化的 CFD - PBM 耦合模型对气液环境下的螺旋叶片式混输泵进行数值模拟计算，揭示不同含气率、流量、转速工况下增压单元内气泡尺寸的演变规律。

10.1 运行参数对螺旋叶片式混输泵内气泡聚并与破碎的影响

在油气混输过程中，混输泵内的气液两相流动极其复杂，传统的数值方法手段和试验方法难以精确地捕捉泵内气泡间的聚并、破碎等运动特性。螺旋叶片式混输泵实际运行常处于泡状流条件下，采用更为精准的数值方法实现泵内的气泡尺寸预测是具有指导意义的。本章将采用能够捕捉气泡尺寸变化的 CFD - PBM 耦合模型对气液环境下的螺旋叶片式混输泵进行数值模拟计算，揭示不同含气率、流量、转速工况下增压单元内气泡尺寸的演变规律。

10.1.1 螺旋叶片式混输泵增压单元内气泡尺寸

为深入认识气液两相分布的形成机理，分析螺旋叶片式混输泵内的气泡直径与气泡数分布是十分必要的。在计算中已将离散气泡中的中等尺寸 Bin4 (1.2916mm) 气泡设置为螺旋叶片式混输泵入口气泡尺寸，通过 CFD - PBM 耦合模型可获知泵内的气泡尺寸和数目分布。为详细分析螺旋叶片式混输泵中叶轮域内轴向方向上气泡尺寸变化的规律，本节首先取工况为含气率为 5%、转速为 3000r/min 数值模拟结果进行分析，将叶轮域和导叶域两部分从进口沿轴向分别均匀划分了 11 个截面，其中截面 1 为进口面，截面 11 为出口面，如图 10.1 所示。

该工况下增压单元沿轴向截面平均气泡尺寸变化曲线如图 10.2 所示。从图 10.2 中可以看出，螺旋叶片式混输泵叶轮域内兼具聚并和破碎两种趋势。气体进入叶轮域流道后，首先呈现出较为显著的聚并趋势，但因受到叶轮叶片的剪切作用，聚并的趋势逐渐减弱。当流体流经截面 6 后，气泡呈现破碎趋势大于聚并趋势，气泡尺寸开始减小。从图中还可以看出，气泡在整个导叶域中均呈现出破碎趋势，除导叶域进出口截面由于交界面的影响使得气泡尺寸发生波动，其余截面的破碎趋势相近。这主要是由于导叶域内旋涡的卷吸致使导叶内的气泡大量聚集在导叶内，增加了气泡的碰撞率。同时，导叶域内的流动相较于叶轮域中极其不稳定，气泡的破碎概率大于聚并概率。

图 10.1　螺旋叶片式混输泵的增压单元划分示意图

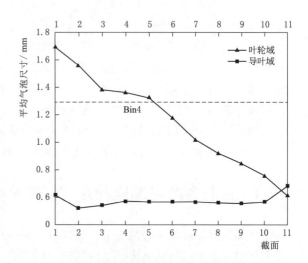

图 10.2　增压单元沿轴向截面平均气泡尺寸变化曲线

为便于探究不同变量沿增压单元径向方向上的分布规律，特引入无量纲位置参数，即径向系数 span，其定义为将叶轮和导叶沿径向方向从轮毂到叶轮（导叶）室距离进行归一化，轮毂位置为 0，轮缘位置为 1。该工况下增压单元沿径向方向上平均气泡尺寸分布如图 10.3 所示。其中径向系数 span＝0.1、span＝0.5 和 span＝0.9 分别代表轮毂、叶高中部和轮缘附近位置。图 10.3 中可以看出，增压单元内轮毂处的气泡直径明显大于轮缘处，气泡直径沿径向方向逐渐减小，这主要是因为叶轮域中的离心力和气液两相密度差使得气体大量聚集在轮毂附近，同时气泡在轮毂处的聚并趋势剧烈。还可以看出，气泡在叶轮进口处的聚集程度较强，气泡直径较大，而随着流动受叶片剪切力的影响气泡直径呈现出减小的趋势。气泡在导叶内的聚并现象随径向系数的增加逐渐减弱，且聚集所发生的位置出现明显的后移，这可能跟导叶域内发生的流动分离位置偏移有关。

10.1.2　含气率对增压单元内气泡尺寸发展规律的影响

不同含气率工况下中螺旋叶片式混输泵内增压单元内的气相体积分数分布和平均气泡尺寸分布如图 10.4 所示。由图 10.4 中可以看出，入口含气率是影响螺旋

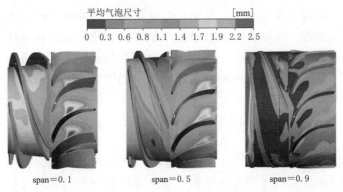

span＝0.1　　　　span＝0.5　　　　span＝0.9

图 10.3　含气率 5％时螺旋叶片式混输泵增压单元周向
方向平均气泡尺寸分布

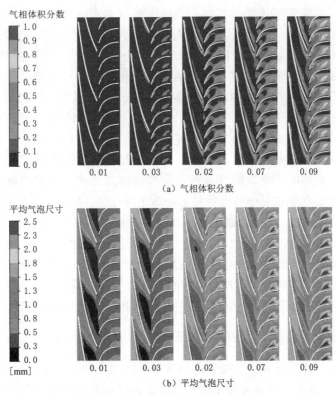

（a）气相体积分数

（b）平均气泡尺寸

图 10.4　不同含气率下螺旋叶片式混输泵增压单元周向
气相体积分数和气泡尺寸分布

叶片式混输泵性能的关键参数，不同含气率下其内部的气相分布与气泡尺寸分布规律明显不同。随着含气率的增加，增压单元内的气相体积分数也相应增加，当含气率较大时，流道内出现明显的气塞现象，螺旋叶片式混输泵的扬程和效

137

率大大降低，性能变差。其中，气相主要聚集在叶轮叶片的吸力面及导叶叶片的压力面尾部附近。这是由于在转动过程中，螺旋叶片式混输泵叶片压力面压力大于吸力面，气泡在压力差作用下向吸力面聚集。同时可以看出，增压单元内的平均气泡尺寸随含气率的增加呈现出明显的增大，其气泡的聚并现象主要发生在气相聚集较为剧烈的区域。这是因为气泡数目的增多使得气泡间距减小使得气泡碰撞的几率增大。同时，气泡聚并为主导，破碎几率较小，从而增加了气泡的平均气泡尺寸。

为定量分析螺旋叶片式混输泵增压单元内气泡尺寸沿轴向方向上的分布规律，现对上文所划分的不同截面上的气泡尺寸进行分析。不同入口含气率下螺旋叶片式混输泵增压单元沿轴向截面气泡尺寸变化曲线如图 10.5 所示。从图 10.5（a）中可以看出，不同含气率下螺旋叶片式混输泵叶轮域内的平均气泡尺寸随流动过程的变化规律极为相似。由图中可以看出，从叶轮进口到出口气泡尺寸总体呈减小趋势，叶轮进口的气泡尺寸远大于叶轮出口。当 IGVF 为 1％时，螺旋叶片式混输泵内的气相含量极低，气泡数目较少，气泡碰撞的几率小，叶轮整个流域内的气泡均呈现出破碎的趋势，且破碎程度随流动方向加剧。随着 IGVF 的升高，气泡聚并的趋势逐渐增强，破碎的趋势逐渐减弱。当 IGVF 为 5％时，螺旋叶片式混输泵叶轮域的气泡尺寸变化达到平衡。而在高 IGVF 工况下，气泡的聚并趋势已经明显强于破碎趋势，叶轮域的气泡数目增多增大了气泡的碰撞几率，聚并为主导，使得气泡尺寸出现剧增的现象。从图 10.5（b）中可以看出，螺旋叶片式混输泵导叶域内的气泡尺寸几乎分布于进口气泡尺寸下方，气泡破碎现象贯穿于各含气率下的整个导叶域。随着 IGVF 的增加，气泡破碎趋势虽有所减缓，但气泡破碎趋势始终强于聚并趋势，气泡尺寸相较于进口尺寸有所减小。但与叶轮域相比，导叶域内的气泡尺寸波动较小，在导叶进口处后方发生明显降低，出口处发生剧增。这是因为气泡尺寸突降区域位于交界面后方，动静干涉的作用使得流动紊乱，气泡破碎为主导。而出口面的剧增是由于导叶域的尾部旋涡的卷吸使得气泡间相互作用力增强，气泡聚并为主导。

10.1.3　流量对增压单元内气泡尺寸发展规律的影响

不同流量下螺旋叶片式混输泵内增压单元内的气相分布如图 10.6 所示。从图 10.6 中可以看出，气相在增压单元的聚集程度随流量的增加呈现出先增强后减缓的趋势。当流量为 $0.8Q$ 时，泵内的气相体积分数较小，流道内的气液两相速度滑移现象不明显，气泡数目相应较少，气泡尺寸相较于进口尺寸较为稳定。随着流量的增加为 $1.0Q$ 时，可以清晰地看出流道内的气相聚集程度越来越剧烈，气泡的聚集使得气泡不断地发生碰撞，气泡数目的增多与尺寸的增大使得流道内呈现出局部的气团，加剧了气液两相的速度差。当流量持续增加为 $1.2Q$

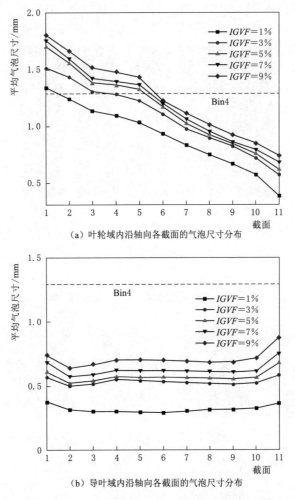

（a）叶轮域内沿轴向各截面的气泡尺寸分布

（b）导叶域内沿轴向各截面的气泡尺寸分布

图 10.5　不同含气率下螺旋叶片式混输泵增压单元沿轴向截面的气泡尺寸分布

时，流道内气相聚集现象又呈现出减弱的趋势。这主要是因为在大流量工况下液相对气团的阻力迫使流道内的大气团开始破碎成小气团，破碎的小气团顺着水流流出增压单元而不再滞留于流道内，流道逐渐疏通，泵流态出现好转。

　　不同流量下混输泵增压单元内的气泡尺寸分布如图 10.7 所示。从图 10.7 中可以看出，螺旋叶片式混输泵增压单元内与气相体积分布规律相似，气泡尺寸随流量的增加呈现出先增加后减少的趋势。随着流量的持续增加，螺旋叶片式混输泵内的流态不断发生变化，流道内的气相聚集程度先增后减，可知增大气泡碰撞概率是导致气泡尺寸发生演变的关键因素。图 10.7 中还可以看出，在轮缘处气泡的尺寸出现剧增的现象，但由 10.1 节可知气相主要聚集在轮毂附近。这进一步证实了气泡的聚并与破碎行为不仅与气泡的碰撞概率有关，还与所发

气相体积分数

0 0.1 0.2 0.3 0.4 0.5 0.6 0.7 0.8 0.9 1.0

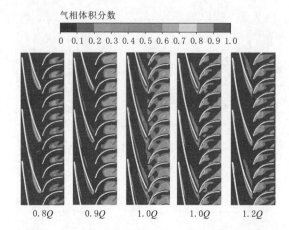

0.8Q　　　0.9Q　　　1.0Q　　　1.0Q　　　1.2Q

图 10.6　不同流量下螺旋叶片式混输泵增压单元沿周向
气相体积分数分布

平均气泡尺寸　　　　　　　　　[mm]

0 0.3 0.6 0.8 1.1 1.4 1.7 1.9 2.2 2.5

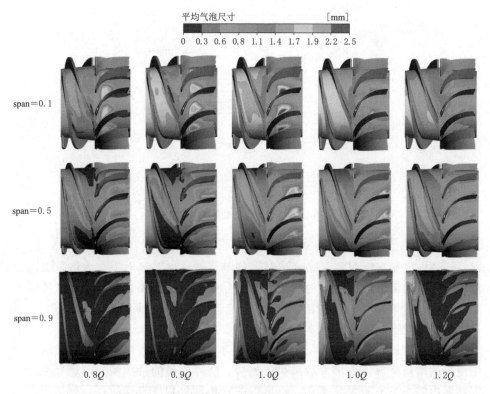

0.8Q　　　0.9Q　　　1.0Q　　　1.0Q　　　1.2Q

图 10.7　不同流量工况下螺旋叶片式混输泵内增压单元内的气泡尺寸分布

生行为的聚并与破碎概率有关。本书所应用的气泡模型是考虑气液两相中气泡
间的碰撞主要由湍流涡随机运动所致而产生的行为，为贴近实际工况本书在轮

缘与壁面设有一定的叶顶间隙使得边界层的流动紊乱，从而产生的湍流涡促进了流道内气泡的聚并行为。

10.1.4　转速对增压单元内气泡尺寸发展规律的影响

基于本书所采用的气泡破碎模型以气泡表面能和涡的湍动能为衡量准则[98]，不同转速下螺旋叶片式混输泵内增压单元内的湍动能和气泡数密度分布如图10.8所示。

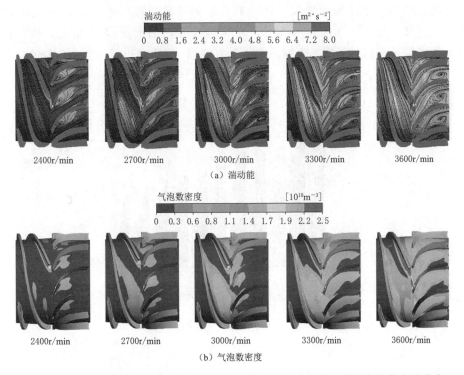

图 10.8　在不同转速下螺旋叶片式混输泵内增压单元内的湍动能和气泡数密度分布

从图 10.8（a）中可以看出，低转速条件下叶轮域内的湍动能较小，仅发生于叶片吸力面一侧和导叶头部区域。随着转速的提高，湍动能明显加剧并逐步蔓延至整个叶轮域。而从图 10.8（b）中可以发现，气泡数目与湍动能分布紧密相关，随着转速的增加，气泡所覆盖的区域与气泡数目均呈现出明显的剧增现象。综合来看，这主要是因为叶轮域内涡的湍动能在低转速时泵内湍流涡的尺寸偏小，其携带的能量仍然不足以导致气泡在导叶内发生明显聚集行为。而随着转速增加，涡流所产生湍动能增大，其携带的能量大于气泡表面能，气泡更易破碎，数目也就越多。同时可以发现，转速较低时导叶域的气泡数目较少，仅有少量的气泡聚集在导叶头部。但随着转速的进一步增强，湍流涡的尺度增加明显加强了湍动能，大量的气泡将受漩涡的卷吸作用明显聚集在涡心附近。

　　不同转速下螺旋叶片式混输泵内增压单元内气泡尺寸分布如图 10.9 所示。从图 10.9 中可以看出，在低转速区内叶轮域进口处的气泡尺寸变化极小，随着转速的增大，泵的轴功率不断增大，叶轮域中气泡受叶片的更大的剪切作用下气泡破碎的趋势逐渐增强，气泡数目的数目相应增多，这与上文所得出的结论一致。而在导叶域内，气泡破碎趋势剧烈，气泡尺寸始终远小于入口气泡尺寸，气泡数目较多。随转速的增加，转速对气泡的破碎起着促进作用，转速越大，平均气泡尺寸越小。同时，可以发现转速对导叶内的促进作用明显强于叶轮，但促进强度保持相对平稳，不同截面上的气泡尺寸变化不大。

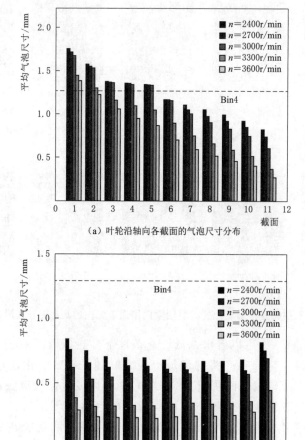

（a）叶轮沿轴向各截面的气泡尺寸分布

（b）导叶沿轴向各截面的气泡尺寸分布

图 10.9　不同转速下螺旋叶片式混输泵增压单元内的气泡尺寸分布

10.2　运行参数对螺旋叶片式混输泵内相间作用力的影响

通过第3章的研究，揭示了不同入口含气率、流量、转速三者对螺旋叶片式混输泵内气泡破碎与聚并的影响规律，已获知在螺旋叶片式混输泵运行时含气率和转速对螺旋叶片式混输泵内气泡的演变行为起到关键作用，气泡尺寸受流量的影响较小。但上述分析过程中考虑的仅是具有普适性的气液相间作用力模型，而气泡演变过程中气液相间的作用力随之不断演变，气泡行为和相间力两者相互影响，精确地探索气液间的相互作用极其重要。本章将对相间作用力模型进行二次开发后提取出螺旋叶片式混输泵在不同含气率、转速影响下的基本流场分析，最终重点展开含气率、转速对螺旋叶片式混输泵流道内气液间的阻力、升力、附加质量力、湍流弥散力的分布特性研究。

10.2.1　含气率对螺旋叶片式混输泵内相间作用力的影响

1. 含气率对增压单元内气泡分布及气液速度差的影响

由2.1.4节中阐述本书所应用的作用力模型可知，含气率、气液滑移速度是决定气液相间作用力大小的关键。为便于气液相间作用力的深入剖析，此处先在考虑气泡聚并与破碎特性的基础上在不同含气率下对螺旋叶片式混输泵流道内的气泡分布及气液速度差进行简单的分析。不同含气率下螺旋叶片式混输泵增压单元内气相及气液速度滑移分布如图10.10所示。

其中，图10.10（a）、（b）分别为气泡的平均尺寸和数密度分布，图10.10（c）为气液速度滑移差（气相速度减去液相速度）。从图10.10中可以获知含气率的增加与平均气泡尺寸、气泡数密度、气液速度差均呈正相关。具体表现为：平均气泡尺寸随含气率的增加在叶轮域进口段、流道中部及导叶域呈现出明显的增大，随含气率的增加气泡数目较多的区域逐渐由叶轮叶片的吸力面侧向四周扩散，而两相流在叶轮入口处的团状区域及其导叶头、尾部的吸力面侧因含气率的增大将更容易产生速度滑移现象。这主要是归因于混合流体在进入螺旋叶片式混输泵后，气泡受含气率的影响更容易在泵内发生聚并行为，使得气泡尺寸得以增大，而较大的气泡将受流道内更大的压力梯度聚集在低压处，这就极易导致螺旋叶片式混输泵内出现气液分离，严重时甚至导致流道内的堵塞。还可以看出，平均气泡尺寸较大的区域与气液速度差较大的位置有一定的对应关系，说明气液两相发生分离与气泡逐渐变大有一定关系。

2. 含气率对增压单元内相间作用力的影响

螺旋叶片式混输泵在实际运行时，常因自身复杂的结构与气液两相流的交

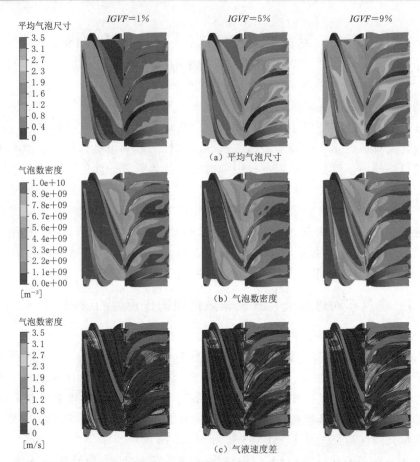

图 10.10　不同含气率下螺旋叶片式混输泵增压单元内气相及气液速度滑移分布

互作用而难以捕捉其内部真实的流动机理。为解决这一科学问题,在厘清流道内气泡的聚并与破碎特性行为后,还应深入探究气液两相作用力。不同含气率下螺旋叶片式混输泵内轴向方向气液相间作用力分布如图 10.11 所示,依次为阻力、升力、附加质量力、壁面润滑力。由图 10.11 不难发现,螺旋叶片式混输泵叶轮域内的相间作用力数值更大且波动更为剧烈。其中,阻力在螺旋叶片式混输泵内对气液两相的相互作用占主要地位,其力大小比升力、附加质量力高 4 个数量级,湍流弥散力最小。同时,还发现含气率是决定气液相间作用力的关键因素,含气率的增加明显加剧了螺旋叶片式混输泵增压单元内气液相间的所有作用力。值得注意的是,整个叶轮域中的作用力在轴向系数为 0.15 附近处是存在一个极大值。该极值点所在的轴向系数位置随含气率的增大逐渐向流动方向偏移。结合上文分析可知,这主要是因为该处正是叶轮进口端气液速度差较大的团状区域,含气率越大,在叶轮进口端发生的气液滑移位置越靠后。

同时，含气率的增加明显使得相间作用力变化的程度有所增加，结合上文可知这主要归因于高含气率下较大的气泡尺寸与更强烈的气液速度差。而在导叶域内的相间作用力仅在导叶域头部、尾部有轻微的波动，这显然与导叶域头部动静交界面的影响和导叶域尾部气液分离密切相关。

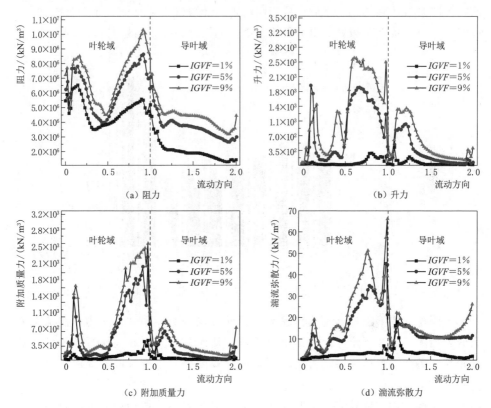

图 10.11　不同含气率下螺旋叶片式混输泵内轴向方向气液相间作用力分布

经过上文的研究分析，已获知螺旋叶片式混输泵增压单元内流道内沿径向方向上的气液相间作用力受含气率影响分布规律大不相同。在旋转机械旋转时，螺旋叶片式混输泵的核心做功部件——叶轮域内的混合流体极易因气液两相密度差而受离心力不同出现气液分离现象，这对泵内气液相间作用力的研究尤为重要。现基于此，本书取等间距的 10 组径向系数对螺旋叶片式混输泵不同径向位置上的相间作用力进行分析，其中径向系数最小值时为最贴近轮毂的径向位置，最大值为最靠近轮缘的径向位置。因阻力的大小远高于升力、附加质量力、湍流弥散力多个数量级，本研究将先单独分析螺旋叶片式混输泵在径向方向上的阻力，再依次分析其余三个力在泵流道内径向方向上的占比情况。

不同含气率下螺旋叶片式混输泵内径向方向阻力分布如图 10.12 所示。从整体上看，螺旋叶片式混输泵流道内的阻力沿径向方向首先呈现出缓慢下降的趋势，当径向系数为 0.778 阻力达到极小值后沿径向方向上呈现出剧增的趋势。泵内气液两相间阻力受含气率影响在靠近轮毂一侧发生轻微波动，无明显规律。而在径向系数达到 0.445 之后气液相间的阻力随含气率增加而发生明显的增加。说明含气率对接近轮毂处的阻力影响较小，越接近轮缘影响越大。

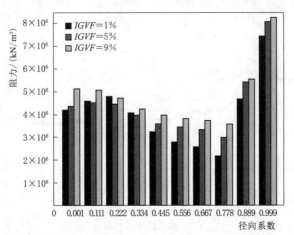

图 10.12　不同含气率工况下螺旋叶片式混输泵叶轮域内径向方向阻力分布

不同含气率下螺旋叶片式混输泵内径向方向升力、附加质量力、湍流弥散力分布如图 10.13 所示。由图中可以看出，其他三个力之和在靠近叶轮域轮毂和轮缘时最大。总体来说，含气率的增加大幅度提升了螺旋叶片式混输泵内升力和附加质量力的占比，湍流弥散力的数值几乎不受含气率的影响。低含气率时，流体混合均匀度较好，在叶轮域流道中部各力的数值均相对偏小且在径向空间内占比相对稳定。当含气率增加至 5% 时，螺旋叶片式混输泵叶轮域在叶高系数大于 0.334 的外侧流域升力明显提升，升力的占比呈阶梯式增长，附加质量力的占比几乎不受影响。但随着含气率增加至 9% 时，整个流域内附加质量力的占比明显增加，升力的占比有所下降。这表明少量的气相增加提升了气液两相间的升力占比，而大量的气相增加会更大地提升气液两相间的附加质量力占比。

不同含气率下螺旋叶片式混输泵叶轮叶片表面气液相间作用力分布如图 10.14 所示。从图 10.14 总体来看，气液相间各个作用力均随含气率的增加从叶片出口逐渐向叶片进口延伸。其中，叶片头部处的阻力数值最大，叶片上所受的阻力沿叶轮轮毂侧逐渐向轮缘侧蔓延。从图 10.14（b）中明显发现，升力随含气率增加在叶片后半段以团状区域分布的覆盖面积明显增大。从图 10.14（b）

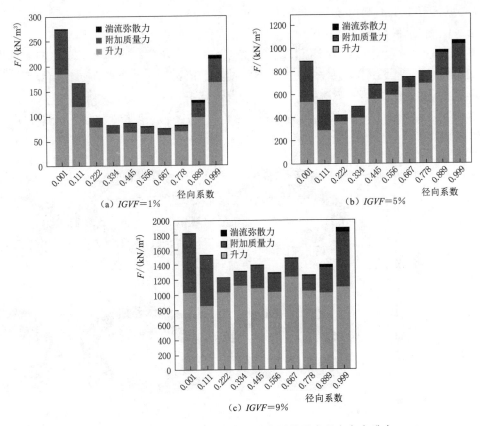

图 10.13　不同含气率下螺旋叶片式混输泵内径向方向升力、
附加质量力、湍流弥散力分布

中明显可知，附加质量力主要以零碎的斑点状充斥于叶轮叶片的后三分之一处，受含气率影响相对较小。同时，从图 10.14（d）中明显可以发现湍流弥散力在低含气率工况下在叶片上分布较均匀，无明显高湍流弥散力的区域，含气率的增强明显增加了叶片尾部的轮缘处的湍流弥散力。

10.2.2　转速对螺旋叶片式混输泵内相间作用力的影响

1. 转速对增压单元内气泡分布及气液速度差的影响

不同转速下螺旋叶片式混输泵增压单元内气相及气液速度滑移分布如图 10.15 所示。从图 10.15 中可以获知转速的增加促使更易发生破碎行为，气泡尺寸大幅度减小，流道内多为密集的小尺寸气泡。具体表现为平均气泡尺寸随转速的增加在叶轮域流道中部的气泡尺寸明显缩减，而在导叶域内气泡尺寸规律受转速影响存在一定波动，气泡尺寸较大的区域分别分布于导叶压力面头部及

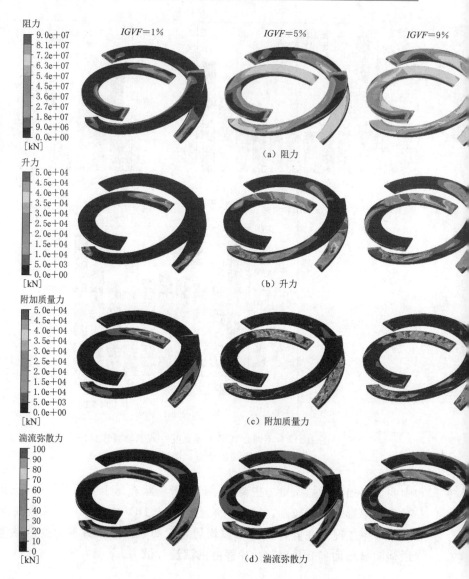

图 10.14　不同含气率下螺旋叶片式混输泵叶轮叶片表面气液相间作用力分布

吸力面的中后段。但气泡数密度随转速的增高由局部区域逐渐基本覆盖于整个增压单元，但小气泡数目的增多并不恶化流态，流道内的气液滑移现象反而逐步有所改善。同时，从图 10.15（c）中不难发现随转速提高螺旋叶片式混输泵导叶域内的涡旋逐渐由导叶进口移动至出口，有效避免了泵内旋涡卷吸气相导致的气塞问题。可见，转速的增加可显著减小气泡直径，提高螺旋叶片式混输泵的气液混输能力。

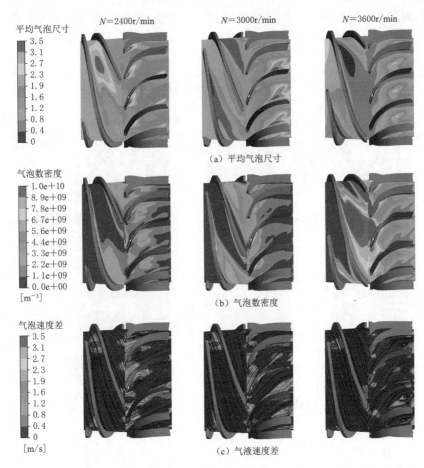

平均气泡尺寸

$N=2400\text{r/min}$　　$N=3000\text{r/min}$　　$N=3600\text{r/min}$

(a) 平均气泡尺寸

气泡数密度

(b) 气泡数密度

气泡速度差

(c) 气液速度差

图 10.15　不同转速下螺旋叶片式混输泵增压单元内气相及气液速度滑移分布

2. 转速对增压单元内相间作用力的影响

不同转速下螺旋叶片式混输泵内轴向方向气液相间作用力分布如图 10.16 所示。由图 10.16 可发现，转速对螺旋叶片式混输泵增压单元内气液相间作用力影响规律不完全一致。阻力在叶轮域进口附近转速增大有所增加，当流体流入后，转速的提升使得流道内的大气泡破碎为小气泡，此时气泡尺寸较小，数目尚不多，阻力随转速增大而有所降低。而当流体流经轴向系数为 0.38 时，流道内在高转速工况下因剧增的剪切力产生了密集的小气泡，阻力受气泡数目影响开始迅速增加，叶轮中部到出口的阻力随转速增大而明显加强。同时，不难发现该现象类似地发生于气液相间的其他三种力中。气液相间的升力、附加质量力、湍流弥散力在叶轮域约前 1/3 段与转速呈明显的负相关，在后 2/3 段与转速呈现出更强的正相关规律。导叶域内相间作用力的分布情况因流道内复杂多变的漩涡结构而变化紊乱，但整体均从导叶进口到出口呈小脉动平缓下降的趋势，转速对该流体域轴向方向的相间作用力影响较小。

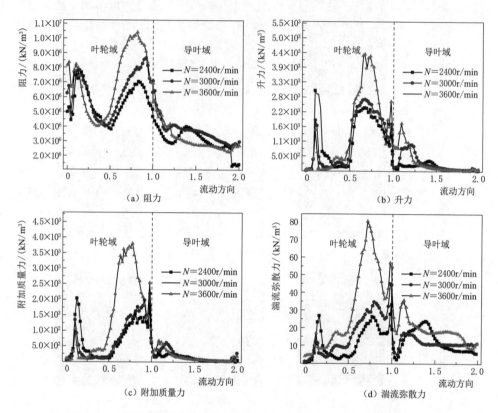

图 10.16　不同转速下螺旋叶片式混输泵内轴向方向气液相间作用力分布

不同转速下螺旋叶片式混输泵内径向方向阻力分布如图 10.17 所示。从整体上看，螺旋叶片式混输泵流道内的阻力相较于含气率工况下来说波动更为平缓，其数值沿径向方向呈现出缓慢下降的趋势，但当流体流经轴向系数为 0.778 处时达到整个径向方向上的最小值。转速对于泵内阻力的影响因径向位置的差异而有所不同，转速主要加剧了贴近叶轮域轮毂、轮缘附近的阻力，在轮缘处转速的影响达到最大。而螺旋叶片式混输泵内气液间的阻力在径向系数为 0.334～0.778 的流道中部区域与转速呈负相关，且随径向系数的增加负向作用加强。

不同转速下螺旋叶片式混输泵径向方向上的升力、附加质量力、湍流弥散力分布如图 10.18 所示。由图 10.18 中可以看出，转速的增加明显加剧了螺旋叶片式混输泵径向方向上的各相间作用力大小。低转速工况下，仅在轮毂和轮缘

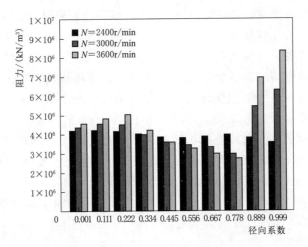

图 10.17 不同转速下螺旋叶片式混输泵叶轮域内径向方向阻力分布

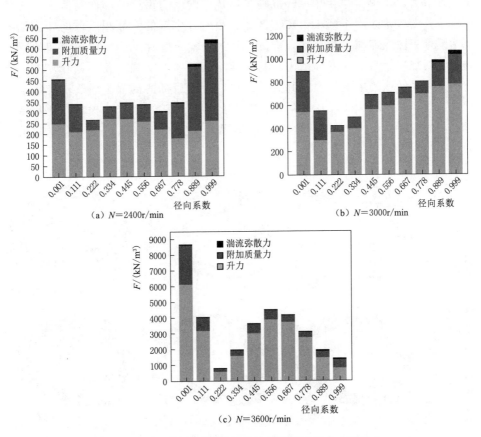

图 10.18 不同转速下螺旋叶片式混输泵内径向方向升力、
附加质量力、湍流弥散力分布

处较大。随着转速增加至 3000r/min，气泡的破碎行为使得流道内气泡数目开始剧烈增加，升力占比有所提升，附加质量力占比下降。这主要是因为螺旋叶片式混输泵流道在径向方向上因中等尺寸气泡数目因转速的轻微提升有所增加，流体在靠近轮缘剪切层附近将受到更大的升力。而在高转速工况下，流道内遍布的小气泡使得各项力数值增加明显，升力的占比由阶梯式增长演变为山丘式的起伏，附加质量力的占比仍在缩减。综上，可以发现螺旋叶片式混输泵径向方向上气液相间作用力随转速的提高在整体上虽有增大，但转速对其各项力的影响力并不一致。螺旋叶片式混输泵径向方向上的湍流弥散力受转速影响最小，升力随转速的增加占比明显增大，附加质量力反之。

　　不同转速下螺旋叶片式混输泵叶轮叶片表面气液相间作用力分布如图 10.19 所示。从图 10.19 中可以看出，本书所考虑的 4 种气液相间作用力受转速的影响程度各不相同，升力受转速的影响最大，其余依次降序为阻力、附加质量力、湍流弥散力。其中，螺旋叶片式混输泵叶片上的阻力因旋转部件高速旋转气液速度滑移的改善而逐步减小，覆盖区域也由叶片中部的大面积区域向叶片尾部气泡易聚集区域缩减。相反地，螺旋叶片式混输泵叶片上后半段气液间的所受升力、附加质量力、湍流弥散力均与转速增大而明显加强。其中，叶片上气液间的升力受转速的影响最大，高升力区由叶片中后部的局部区域逐步扩散至叶片的出口整片区域。而叶片上的气液相间的湍流弥散力随转速提升在叶片后三分之一段有明显增大，附加质量力受转速影响较小。

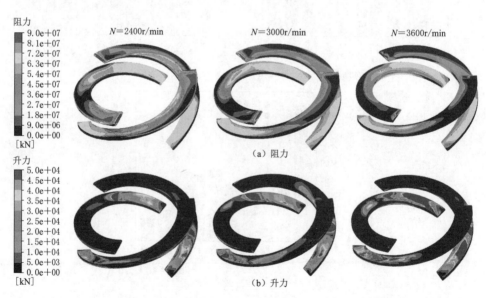

图 10.19（一）　不同转速下螺旋叶片式混输泵叶轮叶片表面气液相间作用力分布

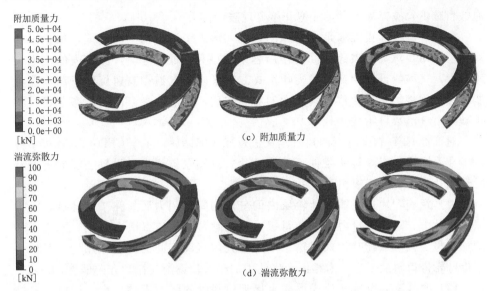

（c）附加质量力

（d）湍流弥散力

图 10.19（二） 不同转速下螺旋叶片式混输泵叶轮叶片表面气液相间作用力分布

10.3 本 章 小 结

本章先是为探究螺旋叶片式混输泵内气泡聚并与破碎的特性，依据 Luo 模型，建立 CFD－PBM 耦合模型求解泵内流场参数，获得气泡尺寸分布。基于含气率、气泡数密度、气泡尺寸的分析揭示了不同入口含气率、流量、转速对螺旋叶片式混输泵内气泡破碎与聚并的影响规律。主要得出以下结论：

（1）在螺旋叶片式混输泵增压单元内，气泡在不同的位置呈现出不同的行为。叶轮域内气泡尺寸沿径向与轴向方向均呈现明显的减小，气泡间的聚并趋势逐渐减弱，破碎趋势逐渐增强，使其由聚并趋势逐渐显现为破碎趋势。导叶域内的气泡受流道内漩涡的影响其尺寸始终较小，气泡一直趋于破碎。

（2）螺旋叶片式混输泵内 *IGVF* 的升高所致的气体聚集现象明显促进了气泡的聚并。低含气率时，泵内气相含量少，气泡数目较少，增压单元内所引起气泡破碎趋势高于聚并趋势，气泡趋于破碎。而随着 *IGVF* 的升高，泵内气相聚集程度加剧，气泡数目增多，增压单元内所引起的气泡聚并的概率相应增加，气泡尺寸明显增大。

（3）螺旋叶片式混输泵内气泡尺寸发展规律对流量的变化敏感性不强，气泡尺寸随流量的增大呈现出先增后减的现象。随着流量的增加，泵内气泡尺寸因流道的气相分布规律由小流量下发展稳定逐步增加到设计工况下的最大气泡尺寸后，泵内气泡受大流量工况下的冲刷作用，气相被液相裹挟流出流道，气泡数目减少，破碎为主导，气泡开始显现破碎行为。

（4）螺旋叶片式混输泵内转速的提高，增大了流道内的湍动能，加强了叶片剪切作用，对气泡破碎的促进作用越来越显著。低转速时，流道内的气泡尺寸较大，气泡数目较少。而螺旋叶片式混输泵内的气泡在高速旋转下湍动能有所增强，并将承受着叶片对其更大的剪切作用，气泡在未紊乱的流态下更易发生破碎，气泡数目明显增多。

对商业 CFD 软件进行用户自定义进行二次编译后，基于 CFD - PBM 模型分析了在不同含气率和转速条件下螺旋叶片式混输泵流道内在沿轴、径向上以及叶轮叶片表面上的气液相间作用力的分布特性，得出主要结论如下：

（1）螺旋叶片式混输泵叶轮域内的气液相间作用力明显强于导叶域，阻力以高出升力、附加质量力 4 个数量级占主要地位，湍流弥散力最小。含气率的增加明显加剧了螺旋叶片式混输泵增压单元内气液相间的所有作用力，并使得靠近叶轮进口附近因速度滑移而产生的力的极大值逐渐向流动方向偏移。

（2）含气率对螺旋叶片式混输泵接近轮毂处的阻力影响较小，越接近轮缘影响越大。含气率的增加不同程度地增加了泵内升力和附加质量力的占比，湍流弥散力几乎不受影响。其中，增加少量的气相将加强螺旋叶片式混输泵内气液两相间的升力占比，大量的气相增加将更容易加强气液两相间的附加质量力占比。随含气率增加，叶轮域叶片上气液相间作用力逐渐加强并向叶片进口处延伸。含气率的增加使得叶轮叶片上气液间的升力和附加质量力分别以团状和零碎的斑点状的形态增大覆盖范围，而湍流弥散力主要在轮缘处发生明显加剧。

（3）转速对螺旋叶片式混输泵内气液相间力的影响主要发生于叶轮域，具体表现因轴向位置大不相同。转速的提升明显加剧了螺旋叶片式混输泵叶轮域进口附近的阻力，转速在叶轮域约前 1/3 段内轻微地削弱了各相间作用力，但将剧烈加强叶轮域后 2/3 段所有的相间作用力。

（4）转速对螺旋叶片式混输泵流道内气液两相间的阻力的影响与含气率相似，轮缘处受转速影响最大。增大转速加剧了贴近叶轮域轮毂、轮缘附近的阻力，削弱了叶轮域流道中部的阻力。转速的提升明显增加了流体在靠近剪切层所受的升力占比，附加质量力的占比明显缩减。转速的提升改善了螺旋叶片式混输泵叶片上的气液滑移现象，阻力的覆盖区域由叶片中部的大面积区域向叶片尾部气泡易聚集区域缩减。而叶片上的其他力均随转速增大而加强，升力受转速的影响最大，附加质量力受转速影响最小。升力由低转速的流到中部的团状区域逐步扩散至叶片出口的整个区域，湍流弥散力随转速提升在叶片后 1/3 段有明显增大。

参 考 文 献

［1］ Shao C, Li C, Zhou J. Experimental investigation of flow patterns and external perform-ance of a centrifugal pump that transports gas-liquid two-phase mixtures ［J］. Interna-tional Journal of Heat and Fluid Flow, 2018, 71: 460 – 469.

［2］ Alberto S, Lars E. Flow visualization of unsteady and transient phenomena in a mixed-flow multiphase pump ［C］. Proceedings of ASME Turbo Expo 2016: Turbomachinery Technical Conference and Exposition GT2016, June 13 – 17, 2016, Seoul, South Korea.

［3］ Mandal A, Kundu G, Mukherjee D. A comparative study of gas holdup, bubble size distribution and interfacial area in a down flow bubble column ［J］ Chem Eng Res Des, 2005, 83 (4): 423 – 428.

［4］ Mandal A. Characterization of gas-liquid parameters in a down-flow jet loop bubble col-umn ［J］. Brazilian Journal of Chemical Engineering, 2010, 27 (2): 253 – 264.

［5］ 谈明高, 王献, 吴贤芳, 等. 双叶片泵固液两相流单颗粒运动可视化试验 ［J］. 哈尔滨工程大学学报, 2020, 41 (5): 676 – 683.

［6］ Patel B R, Jr P W R. Investigations into the two-phase behavior of centrifugal pumps ［J］. Flow Measurement and Instrumentation, 2015, 46: 262 – 267.

［7］ Zhang W, Yu Z, Li Y. Application of a non-uniform bubble model in a multiphase roto-dynamic pump ［J］. Journal of Petroleum Science and Engineering, 2019, 173: 1316 – 1322.

［8］ Caridad J, Asuaje M, Kenyery F, et al. Characterization of a centrifugal pump impeller under two-phase flow conditions ［J］. Journal of Petroleum Science and Engineering, 2008, 63 (1 – 4): 18 – 22.

［9］ 杨敦敏, 陈刚, 刘超, 等. 离心泵内气液两相流动的图像测量 ［J］. 水利学报, 2005, 36 (1): 5 – 109.

［10］ 梁武科, 艾改改, 董玮, 等. 空化对轴流泵叶轮流固耦合特性的影响 ［J］. 大电机技术, 2021 (5): 92 – 98.

［11］ Zhu J J, Guo X Z, Liang Fc, et al. Experimental study and mechanistic modeling of pressure surging in electrical submersible pump ［J］. Journal of Natural Gas Science and Engineering, 2017, 45: 625 – 636.

［12］ Lissett B, Mauricio G P. CFD Modeling Inside An Electrical Submersible Pump In Two-PhaseFlow Condition ［A］. Proceedings of the ASME 2009 Fluids Engineering Division Summer Conference, 2009: 457 – 469

［13］ Wang J Z, Zha H B, McDonough J M, et al. Analysis and numerical simulation of a no-vel gas-liquid multiphase scroll pump ［J］. International Journal of Heat and Mass Transfer, 2015, 91: 27 – 36.

［14］ 方立德. 基于狭缝文丘里的气液两相流检测技术研究 ［D］. 天津: 天津大学, 2007.

［15］ 张潭. 金属熔体-气泡两相流中相间作用力的探讨与数值模拟 ［D］. 大连: 大连理工大

学, 2012.

[16] Joshi J B. Computational flow modeling and design of bubble column reactors [J]. Chemical Engineering Science, 2001, 56 (21－22): 5893－5933.

[17] Tabid M V, Roy S A, Joshi J B. CFD simulation of bubble column—an analysis of inter-phase forces and turbulence models [J]. Chemical Engineering Journal, 2008, 139 (3): 589－614.

[18] Simon S, Mahdi S. The impact of interphase forces on the modulation of turbulence in multiphase flows [J]. Acta Mechanica Sinica, 2022, 38 (8): 721446.

[19] Chen W, Zhang L. Effects of Interphase Forces on Multiphase Flow and Bubble Distribu-tion in Continuous Casting Strands [J]. Metallurgical and Materials Transactions B, 2021: 1－20.

[20] Wang T, Wang J, Jin Y. A CFD－PBM coupled model for gas-quid flows [J]. AIChE Journal, 2006, 52 (1): 125－140.

[21] Zhang Y, Bai Y, Wang H. CFD analysis of inter-phase forces in a bubble stirred vessel [J]. Chemical Engineering Research and Design, 2013, 91 (1): 29－35.

[22] Pan A, Xie M, Li C, et al. CFD Simulation of Average and Local Gas － Liquid Flow Properties in Stirred Tank Reactors with Multiple Rushton Impellers [J]. Jouranal of Chemical Engineering of Japan, 2017, 50 (12): 878－891.

[23] Han J, Vahaji S, Sherman C P. Cheung. Numerical investigation on the influencing in-terphase forces on bubble size distribution around NACA0015 hydrofoil [J]. Experimen-tal and Computational Multiphase Flow, 2019, 1 (2): 145－157.

[24] Yu Z, Zhu B, Cao S. Interphase force analysis for air-water bubbly flow in a multiphase rotodynamic pump [J]. Engineening Computations, 2015, 32 (7): 2166－2180.

[25] Liu M, Cao S, Cao S. Numerical analysis for interphase forces of gas-liquid flow in a multiphase pump [J]. Engineering Computations, 2018, 35 (6): 2386－2402.

[26] 张文武, 余志毅, 李泳江, 等. 介质黏性对叶片式气液混输泵两相流动特性的影响 [J]. 工程热物理学报, 2020, 41 (3): 594－600.

[27] Nayak A, Das D. Experimental and numerical investigation of flow instability in a transi-ent pipe flow [J]. Journal of Fluid Mechanics, 2021, 920.

[28] Wu Y F, Zhang W H, Wang Y F, et al. Energy dissipation analysis based on velocity gradient tensor decomposition [J]. Physics of Fluids, 2020, 32 (3): 35114.

[29] Sarpkaya T, Daly J J. Effect of ambient turbulence on trailing vortices [J]. Journal of Aircraft, 1987, 24 (6): 399－404.

[30] Yu Y, Shrestha P, Alvarez O, et al. Correlation analysis among vorticity, Q method and Liutex [J]. Journal of Hydrodynamics, 2020, 32 (6): 1207－1211.

[31] Gao Y, Liu J, Yu Y, et al. A Liutex based definition and identification of vortex core center lines [J]. Journal of Hydrodynamics, 2019, 31 (3): 445－454.

[32] Liu C, Gao Y, Tian S, et al. Rortex—A new vortex vector definition and vorticity tensor and vector decompositions [J]. Physics of Fluids, 2018, 30 (3): 35103.

[33] Dong X, Gao Y, Liu C. New normalized Rortex/vortex identification method [J]. Physics of Fluids, 2019, 31 (1): 11701.

[34] 陆慧娟，高守亭. 螺旋度及螺旋度方程的讨论 [J]. 气象学报，2003 (6)：684-691.

[35] Scheeler M W, Van Rees W M, Kedia H, et al. Complete measurement of helicity and its dynamics in vortex tubes [J]. Science, 2017, 357 (6350)：487-491.

[36] 延菊泉，符伟，董林恒，等. 基于 PIV 的导叶式离心泵动静叶干涉特性研究 [J]. 水泵技术，2022 (5)：1-6.

[37] Muthanna C, Devenport W J. Wake of a Compressor Cascade with Tip Gap, Part 1：Mean Flow and Turbulence Structure [J]. AIAA journal. 2004, 42 (11)：2320-2331.

[38] Zhang J, Cai S, Li Y, et al. Visualization study of gas-liquid two-phase flow patterns inside a three-stage rotodynamic multiphase pump [J]. Experimental Thermal and Fluid Science, 2016, 70：125-138.

[39] 史广泰，刘宗库，王彬鑫. 叶顶间隙对螺旋叶片式混输泵内流动特性的影响 [J]. 排灌机械工程学报，2022, 40 (4)：332-337.

[40] Liu M, Tan L, Cao S. Dynamic mode decomposition of gas-liquid flow in a rotodynamic multiphase pump [J]. Renewable Energy, 2019, 139：1159-1175.

[41] Shi G, Liu Z, Xiao Y, et al. Tip leakage vortex trajectory and dynamics in a multiphase pump at off-design condition [J]. Renewable Energy. 2020, 150：703-711.

[42] Shi G, Liu Z, Xiao Y, et al. Effect of the inlet gas void fraction on the tip leakage vortex in a multiphase pump [J]. Renewable Energy, 2020, 150：46-57.

[43] 张德胜，王海宇，施卫东，等. 轴流泵多工况压力脉动特性试验 [J]. 农业机械学报，2014, 45 (11)：139-145.

[44] 张虎，左逢源，张德胜，等. 轴流泵叶顶泄漏涡形成演化机理与涡空化分析 [J]. 农业机械学报，2021, 52 (2)：157-167.

[45] Wu H, Miorini R L, Katz J. Measurements of the tip leakage vortex structures and turbulence in the meridional plane of an axial water-jet pump [J]. Experiments in Fluids. 2011, 50 (4)：989-1003.

[46] Wu H, Miorini R L, Katz J. The Internal Structure of the Tip Leakage Vortex Within the Rotor of an Axial Waterjet Pump [J]. Journal of turbomachinery, 2012, 134 (3)：031018

[47] 施卫东，施亚，高雄发，等. 基于 DEM-CFD 的旋流泵大颗粒内流特性模拟与试验 [J]. 农业机械学报，2020, 51 (10)：176-185.

[48] Lee J, Kim Y, Khosronejad A, et al. Experimental study of the wake characteristics of an axial flow hydrokinetic turbine at different tip speed ratios [J]. Ocean Engineering, 2020, 196：106777.

[49] Ma R, Devenport W J. Unsteady Periodic Behavior of a Disturbed Tip-Leakage Flow [J]. AIAA journal, 2006, 44 (5)：1073-1086.

[50] Ma R, Devenport W J. Tip Gap Effects on the Unsteady Behavior of a Tip Leakage Vortex [J]. AIAA Journal, 2007, 45 (7)：1713-1724.

[51] Liu Y, Tan L. Tip clearance on pressure fluctuation intensity and vortex characteristic of a mixed flow pump as turbine at pump mode [J]. Renewable Energy, 2018, 129：606-615.

[52] Shi L, Zhang D, Jin Y, et al. A study on tip leakage vortex dynamics and cavitation in

axial-flow pump [J]. Fluid dynamics research, 2017, 49 (3): 35504.

[53] Xi S, Desheng Z, Bin X, et al. Experimental and numerical investigation on the effect of tip leakage vortex induced cavitating flow on pressure fluctuation in an axial flow pump [J]. Renewable Energy, 2021, 163: 1195 – 1209.

[54] 张德胜, 沈熙, 董亚光, 等. 不同叶顶间隙下斜流泵内部流动特性的数值模拟 [J]. 排灌机械工程学报, 2020, 38 (8): 757 – 763.

[55] Shu Z, Shi G, Tao S, et al. Three-dimensional spatial-temporal evolution and dynamics of the tip leakage vortex in an oil – gas multiphase pump [J]. Physics of Fluids, 2021, 33 (11): 113320.

[56] 赵宇, 王国玉, 黄彪, 等. 非定常空化流动涡旋运动及其流体动力特性 [J]. 力学学报, 2014, 46 (2): 191 – 200.

[57] Zhang D S, Shi W, Pan D, et al. Numerical and Experimental Investigation of Tip Leakage Vortex Cavitation Patterns and Mechanisms in an Axial Flow Pump [J]. Fluids Eng. 2015, 112: 61 – 71.

[58] Yan S, Sun S, Luo X, et al. Numerical Investigation on Bubble Distribution of a Multistage Centrifugal Pump Based on a Population Balance Model [J]. Energies, 2020, 13 (4): 908.

[59] 赵斌娟, 韩璐遥, 刘雨露, 等. 混流泵叶片安放角对内涡结构及叶轮-导叶适应性的影响 [J]. 排灌机械工程学报, 2022, 40 (2): 109 – 114.

[60] 施卫东, 邵佩佩, 张德胜, 等. 轴流泵运行工况和叶顶间隙对叶顶泄漏涡轨迹的影响 [J]. 排灌机械工程学报, 2014, 32 (5): 373 – 377.

[61] Wang Y Q, Gao Y S, Liu J M, et al. Explicit formula for the Liutex vector and physical meaning of vortickl ity based on the Liutex-Shear decomposition [J]. Journal of Hydrodynamics, 2019, 31 (3): 464 – 474.

[62] Shi G, Liu Z, Xiao Y, et al. Tip leakage vortex trajectory and dynamics in a multiphase pump at off-design condition [J]. Renewable Energy, 2020, 150: 703 – 711.

[63] 张德胜, 石磊, 陈健, 等. 基于大涡模拟的轴流泵叶顶泄漏涡瞬态特性分析 [J]. 农业工程学报, 2015, 31 (11): 74 – 80.

[64] Li B, Lu Q, Jiang B, et al. Effects of Outer Edge Bending on the Aerodynamic and Noise Characters of Axial Fan for Air Conditioners [J]. Processes, 2022, 10 (4): 686.

[65] Peng D, Gregory J W. Vortex dynamics during blade-vortex interactions [J]. Physics of Fluids, 2015, 27 (5): 53104.

[66] Ji L, Li W, Shi W, et al. Effect of blade thickness on rotating stall of mixed-flow pump using entropy generation analysis [J]. Energy, 2021, 236: 121381.

[67] Ji L, Li W, Shi W, et al. Energy characteristics of mixed-flow pump under different tip clearances based on entropy production analysis [J]. Energy, 2020, 199: 117447.

[68] Furukawa M, Salkl M, Inouekazuhlsa, et al. The role of tip leakage vortex breakdown in compressor rotor aerodynamics [J]. Journal of Turbomachinery, 1999, 121 (3): 469 – 480.

[69] Li B, Li X, Jia X, et al. The Role of Blade Sinusoidal Tubercle Trailing Edge in a Centrifugal Pump with Low Specific Speed [J]. Processes, 2019, 7 (9): 625.

[70] 孙涛，张宏明，李良才，等. 离心式压气机的模化设计与分析 [J]. 中国舰船研究，2020，15 (S1)：141 - 148.

[71] Cui B, Zhang C, Zhang Y, et al. Influence of Cutting Angle of Blade Trailing Edge on Unsteady Flow in a Centrifugal Pump Under Off - Design Conditions [J]. Applied Sciences, 2020, 10 (2)：580.

[72] Rashidi S, Hayatdavoodi M, Esfahani J A. Vortex shedding suppression and wake control: A review [J]. Ocean Engineering, 2016, 126：57 - 80.

[73] Shu Z, Shi G, Yao X, et al. Influence factors and prediction model of enstrophy dissipation from the tip leakage vortex in a multiphase pump [J]. Scientific Reports, 2022, 12 (1).

[74] Zhao H, Wang F, Wang C, et al. Study on the characteristics of horn-like vortices in an axial flow pump impeller under off-design conditions [J]. Engineering Applications of Computational Fluid Mechanics, 2021, 15 (1)：1613 - 1628.

[75] Feng J, Luo X, Guo P, et al. Influence of tip clearance on pressure fluctuations in an axial flow pump [J]. Journal of Mechanical Science and Technology, 2016, 30 (4)：1603 - 1610.

[76] Liu Y, Tan L. Tip clearance on pressure fluctuation intensity and vortex characteristic of a mixed flow pump as turbine at pump mode [J]. Renewable Energy, 2018, 129：606 - 615.

[77] Yu Z Y, Zhu B S, Cao S L, et al. Effect of Virtual Mass Force on the Mixed Transport Process in a Multiphase Rotodynamic Pump [J]. Advances in Mechanical Engineering, 2014, 6 (2)：958352.

[78] Yu Z Y, Zhu B S, Cao S L. Interphase force analysis for air-water bubbly flow in a multiphase rotodynamic pump [J]. Engineering Computations, 2015, 32 (7)：2166 - 2180.

[79] 张文武，祝宝山，余志毅. 流动参数对混输泵全流道内气液相间作用特性的影响 [J]. 工程热物理学报，2020，41 (8)：1911 - 1916.

[80] Legendre D, Magnaudet J. The lift force on a spherical bubble in a viscous linear shear flow [J]. Journal of Fluid Mechanics, 1998, 368 (1)：81 - 126.

[81] Maxey M R, Riley J J. Equation of motion for a small rigid sphere in a nonuniform flow [J]. The Physics of Fluids, 1983, 26 (4)：883 - 889.

[82] Luo H. Coalescence, breakup and liquid circulation in bubble column reactors [D]. Trondheim: The University of Trondheim, 1993.

[83] Luo H, Svenden H F. Theoretical model for drop and bubble breakup in turbulent dispersions [J]. AIChE Journal, 1996, 42 (5)：1225 - 1233.

[84] Shu Z K, Shi G T, Tao S J, et al. Three-dimensional spatial-temporal evolution and dynamics of the tip leakage vortex in an oil-gas multiphase pump. [J] Physics of Fluids, 2021, 33：113320.

[85] Wang C, Zeng Y, Yao Z, et al. Rigid vorticity transport equation and its application to vortical structure evolution analysis in hydro-energy machinery [J]. Engineering Applications of Computational Fluid Mechanics, 2021, 15 (1)：1016 - 1033.

[86] Kock F, Herwig H. Local entropy production in turbulent shear flows: a high-Reynolds number model with wall functions [J]. International Journal of Heat and Mass Transfer, 2004, 47 (10 - 11)：2205 - 2215.

159

［87］ Hou H, Zhang Y, Li Z, et al. Numerical analysis of entropy production on a LNG cryo-genic submerged pump ［J］. Journal of Natural Gas Science and Engineering, 2016, 36: 87 - 96.

［88］ Zhao H, Wang F, Wang C, et al. Generation mechanism and control methods of second-ary flows in the impeller of axial flow pumps ［J］. Physics of Fluids, 2023, 35 (6): 065127.

［89］ Wu C H. A general theory of three-dimensional flow in subsonic and supersonic turbo-machines of axial-, radial-, and mixed-flow types ［R］. NACA Technical Reports Server NACA - TN - 2604, 1952.

［90］ Hunt J C, Wray A A, Moin P. Eddies, streams, and convergence zones in tubulent flows ［C］. Center for Tubulence Research Report CTR - S88, 1988: 193 - 208.

［91］ Jeong J, Hussain F. On the identification of a vortex ［J］. Journal of Fluid Mechanics, 1995, 285: 69 - 94.

［92］ Perry A, Chong M. A description of eddying motions and flow patterns using critical-point concepts ［J］. Annual Review of Fluid Mechanics, 1987, 19 (1): 125 - 155.

［93］ Zhou J, Adrian R J, Balachandar S, Kendall T M. Mechanisms for generating coherent packets of hairpin vortices in channel flow ［J］. Journal of Fluid Mechanics, 1999, 387: 353 - 396.

［94］ Liu Y, Tan L. Spatial-Temporal Evolution of Tip Leakage Vortex in a Mixed-Flow Pump with Tip Clearance ［J］. Journal of Fluids Engineering, 2019, 141 (8): 081302.

［95］ Liu Y, Tan L. Tip clearance on pressure fluctuation intensity and vortex characteristic of a mixed flow pump as turbine at pump mode ［J］. Renewable Energy, 2018, 129: 606 - 615.

［96］ Cheng H Y, Bai X R, Long X P, et al. Large eddy simulation of the tip-leakage cavitat-ing flow with an insight on how cavitation influences vorticity and turbulence ［J］. Ap-plied Mathematical Modelling, 2020, 77: 788 - 809.

［97］ Xin T, Zhili L, Meng Z, et al. Analysis of Unsteady Flow Characteristics of Centrifugal Pump under Part Load Based on DDES Turbulence Model ［J］. Shock Vib, 2021, 2021: 1 - 11.

［98］ 张虎. 轴流泵叶顶泄漏涡流演化机制与不稳定特性研究 ［D］. 镇江: 江苏大学, 2022.